Zoographies

The Question of the Animal
from Heidegger to Derrida

动物志

从海德格尔到德里达的动物问题

[美] 马修·卡拉柯 —— 著
庞红蕊 —— 译

长江出版传媒 | 长江文艺出版社

图书在版编目（CIP）数据

动物志 ：从海德格尔到德里达的动物问题 / （美）马修 • 卡拉柯著 ；庞红蕊译. -- 武汉 ：长江文艺出版社，2022.1

（人文科学译丛）

ISBN 978-7-5702-2060-1

Ⅰ. ①动… Ⅱ. ①马… ②庞… Ⅲ. ①人－关系－动物－研究 Ⅳ. ①Q958.12

中国版本图书馆 CIP 数据核字(2021)第 062981 号

动物志 ：从海德格尔到德里达的动物问题
DONGWU ZHI: CONG HAIDEGE'ER DAO DELIDA DE DONGWU WENTI

策划：阳继波　康志刚
责任编辑：陈欣然　向欣立　　　　责任校对：毛　娟
封面设计：天行健设计　　　　　　责任印制：邱　莉　王光兴

出版：长江出版传媒 | 长江文艺出版社
地址：武汉市雄楚大街 268 号　　　邮编：430070
发行：长江文艺出版社
http://www.cjlap.com
印刷：武汉市籍缘印刷厂

开本：787 毫米×1092 毫米　1/32　印张：8.375　插页：1 页
版次：2022 年 1 月第 1 版　　2022 年 1 月第 1 次印刷
字数：139 千字

定价：48.00 元

译者序

庞红蕊

2008 年，动物研究学者马修·卡拉科（Matthew Calarco）出版了专著《动物志：从海德格尔到德里达的动物问题》（其动物研究专著还包括 2009 年出版的《动物之死》以及 2015 年出版的《通过动物思考：身份、差异以及无区分性》）。该书问世后，学界好评如潮。后人类理论以及动物研究领域的领军人物卡里·伍尔夫（Cary Wolfe）称赞该书对“动物问题研究领域进行了批判性的综述以及敏锐的审视”，是一部“难能可贵的著作”（本书英文版封面荐语）。生态女性主义以及动物研究领域的著名学者卡罗尔·J·亚当斯（Carol J. Adams）称赞该书是“一项非凡的成就”，因为它“将欧陆哲学从人类中心主义的禁锢中解放出来，并由此指出，欧陆哲学在动物问题研究方面的重要性”（本书英文版封面荐语）。

实际上，在欧美人文学科领域，“动物问题研究”一直是比较冷门的研究方向。直到2000年，人们才格外关注动物问题，究其原因，大致有如下两点：

1. 从现实层面来说，当代生态危机日益严重，迫使人们重新审视人类的自身定位以及人与自然之关系等问题。动物与人类共存于世，实为一个命运共同体，在这种背景下，思索动物问题，重塑人与动物的关系，其实也是为人类的未来寻找出路。

2. 从理论层面来说，学界关注动物问题是解构主义运动深化的结果。解构主义思潮致力于消解各种等级式的二元对立，如男人与女人、白人与黑人等，随着解构运动的深化，人们势必会关注人与动物之间的二元区分。

自20世纪80年代起，德勒兹与加塔利（于1980年合著《千高原》）、德里达（于1997年发表了以“因动物，故我在”为标题的演讲）、阿甘本（于2002年出版了《敞开：人与动物》）、哈拉维（于2003年出版了《伴侣物种宣言》）等哲学家分别从各自的视野出发探讨动物问题，推动了人文社科领域的“动物转向”。在《认识动物》一书中，菲利普·阿姆斯特朗（Philip Armstrong）以及劳伦斯·西蒙斯（Laurence Simmons）指出，“动物转向”可与20世纪中期的“语言学转向”相提并论（*Knowing Animals*，Brill，2007，P. 1）。

新世纪以来，许多知名大学都开设了动物问题研究课程，与此同时，该方面的著作与论文也层出不穷。哥伦比亚大学出版社抓住了这一理论热点，到目前为止，其动物问题研究丛书已达数十种。在这些著作中，马修·卡拉科的《动物志》独树一帜。卡拉科以当代欧陆哲学为审视对象，从本体论层面反思人与动物的关系，旨在将人类中心主义的思维之树连根拔起。当代欧陆哲学的脉络体系错综复杂，卡拉科拨开层层迷雾，精准地把握住一个核心问题来论述和批判当代欧陆哲学的动物话语，这个核心问题，即人与动物之间的界线。

本书中，卡拉科以批判的眼光审视了海德格尔、列维纳斯、阿甘本以及德里达的动物哲学话语。他并非随机选择，在当代欧陆哲学领域，海德格尔对动物生命的讨论具有革命性的意义，对后世的哲学家们影响甚大。列维纳斯、阿甘本以及德里达分别从伦理、政治以及解构之维继承和批判了海德格尔的观点，他们的动物之思形成了一股强劲的力量，使西方近代哲学思维范式受到严重冲击。

17 世纪的法国哲学家笛卡尔开启了西方哲学的“认识论转变”思潮。他将“我思故我在”作为第一原理，确立了人与众生万物之间的主客体关系。“动物机器说”是他对动物生命的经典论述，这一观点奠定了现代人对动物的认知。1929—1930 年，海德格尔开设了名为“形而上学的基本概念”（*Die Grundbegriffe der Metaphysik*）的课程讲座，其中，近三分之一的篇幅探讨的是动物生命的本质属性。他许诺从动物角度来规定动物生命，许诺从非人类中心主义视角来思考动物存在。卡拉科指出，海德格尔的这一许诺是该讲稿最激进的部分（本书第 9 页，下引本书只注页码）。海德格尔认为，大量的生物学研究成果已经证实了“动物机器说”的荒谬性，若要探讨动物生命的本质，须突破学科界限，与生物学等领域进行跨界合作。他借鉴了生物学家雅克布·冯·于克斯屈尔（Jakob von Uexküll）的动物研究成果，从“世界”角度来规定万物众生：石头虽敞露在环境中，但无法与周围的存在者建立关联，因此，它们没有世界（worldless）；动物可以与环境中的诸要素建立联系，但它们迷醉其中，无法领会物之为物的意义，因此，它们贫乏于世（poor in world）；人类此在不但可以与环境中的存在者们建立情感关联，而且还可以超越“迷醉”，相对世界而立，领会万事万物的意义，因此，他们建构世界（world-forming）。从表面看来，他对动物的“居间”规定并未突破传统形而上学的探讨方式，但是，海德格尔强调，贫乏并不一定比丰富低级，动物并不一定比人类低劣，就这一点来说，他的探讨突破了传统形而上学的生命等级论。

作为海德格尔的学生，列维纳斯从伦理之维拓展了老师的思想。在《总体与无限》（*Totality and Infinity*）中，他指出，从家政式生存中绽出，向他者敞开，这是人之为人的独特生存方式。虽然列维纳斯的伦理学思想具有人本主义意味，但他的“面容”“他者”等概念若运用到动物伦理领域，必会为我们提供一种别样的感受动物生命的方式。晚年的列维纳斯对其人本主义思想进行了有限度的反思。在1986年的一次访谈中，列维纳斯一方面毫不迟疑地将所有生命都纳入伦理关怀的范围内，另一方面又踌躇不决地指出"我不知道你在什么时刻才有权利被称为'面孔'，我也不知道蛇是否有'面孔'"。他的这一回答带有不可知论的色彩。卡拉科指出，就列维纳斯的这两个矛盾面向而言，学界通常关注列维纳斯的"生物中心论"（biocentrism），而忽视了他的"不可知论"（agnosticism），其实，后者在伦理学领域更具理论前景（第86页）。"道德可考量性"（moral considerability）的标准和范围问题一直是伦理学家们争论的焦点。我们对哪些生命负有伦理责任？对此，伦理学家们有不同的回答。近年来，一些动物伦理学家以及女性主义者质疑了"道德可考量性"的传统标准。他们力图重新划界，拓展伦理关怀的范围。然而，卡拉科认为，这些探索都试图为"道德关怀"问题寻找最终答案，其实是一元论的思维方式。一旦给出答案，框定范围，便有了内部和外部的区分，那么被排斥在道德关怀范围之外的生命便会遭到"惨绝人寰的虐待和滥用"（第93页）。列维纳斯的"不可知论"看似犹疑不决，但在卡拉科看来，它却是列维纳斯思想中最不容忽视的一部分。它既取消了一切预设，又不制定任何标准，向万事万物敞开，向未来的可能性敞开。

阿甘本深受海德格尔的影响，其早期著作《语言与死亡》(*Language and Death*) 以及《幼年与历史》(*Infancy and History*) 都在海德格尔思想的基础上探讨人类独特的存在范式。2002 年，阿甘本出版了专门探讨动物问题的专著《敞开：人与动物》(*The Open: Man and Animal*)，此书“标志着他思想轨迹的断裂”（第 120 页）。如果说他此前的著作都坚守人与动物之间的界线，那么《敞开》则意在批判和取消这些界线。阿甘本指出，神学、哲学、生物学等领域对人与动物之界线的探讨绝非一种中性知识，它们的目的是制造“标准人性”。他将各领域制造“人性”的运作机制称为“人类学机器”(anthropological machine)，不论是林奈的“智人”概念还是古生物学中的“缺失的一环”理论，抑或是科耶夫的“历史终结论”以及海德格尔的“迷醉说”，都是“人类学机器”运作的结果（第 123 页）。人类学机器的政治后果是在人类共同体内部区分出动物生命与人类生命，剥除目标人群的“人性”外衣，将他们降格为任人宰杀的“赤裸生命”。因此，阿甘本指出，当代学人的重要任务是摧毁人类学机器，取消划界，创造一种摆脱人类学机器“致命和血腥”逻辑的新型政治生活（第 126 页）。一些新人本主义学者对此质疑：彻底抛弃人本主义传统的激进做法是否可行？新型的“未来共同体”政治是否会比当前的政治制度更好？他们推崇改良路径，主张改革现有的政治形式，拓展政治和伦理的包容范围。一种是新人本主义的改良路线，一种是阿甘本的激进路线，卡拉科认同后者。他指出，现有的民主和政治等观念都建立在人类中心主义的思维范式上，都带有排除主义的暴力逻辑，如若想建构一种非暴力的政治形式，须洞悉人类学机器运作的奥秘，令其停摆，失去效力，并在此基础上创造一种新的政治生活形式。

德里达继承了海德格尔对形而上学人本主义的批判，但两人的目的不同：海德格尔是为了重新规定人之存在的独特性，恢复人的尊严；德里达则是为了批判二元对立思维，从伦理和政治层面重新思索动物生命，其诸多伦理政治命题（如礼物、好客、未来之民主、没有友谊的友谊等）都将动物生命涵括其中（第 145 页）。“原初伦理律令”（proto-ethical imperative）是理解德里达动物思想的关键所在。此概念源自列维纳斯，如果说在他那里，“汝勿杀”的原初伦理律令只印刻于人类的面孔上，那么在德里达这里，这一律令也同样呈现在动物的面孔上，动物的“脆弱性”亦能“打动人心，直击人类灵魂”（第 166 页）。哲学无法容纳这一“情动结构”，但它切切实实地在我们的日常生活中上演。两百多年以前，边沁的一句发问（“动物是否能够承受痛苦?”）振聋发聩。动物权利学家彼得·辛格（Peter Singer）在其大部头著作《动物解放》（*Animal Liberation*）中以此为起点论证了动物“感知痛苦”的能力。德里达认为，“能力”并不是动物伦理的根基，因为追问动物的“能力”仍然以同类逻辑为基础，仍然遵循人类中心主义的思维方式。在边沁的这一发问中，我们应关注的不是

“能力”（can），而是“痛苦”（suffer）。动物所遭受的痛苦具有一种中断性的力量，它“打乱了我们的活动”，“要求并驱使人们去思索动物问题”（第164页）。德里达的创见在于，他打破了传统形而上学的认知性思维方式，回归情感，在伦理相遇中体悟动物生命的脆弱，在情动的体验中建构新型的动物伦理。

在《动物志》中，卡拉科一方面探讨了当代欧陆哲学对动物研究的启示意义，另一方面又从“划界”角度批判了上述几位哲学家的动物思想。在《形而上学的基本概念》以及《关于人本主义的书信》中，海德格尔都探讨了动物的本质属性，但他的目的是通过比较分析来揭示人类此在的存在本质，这一目的决定了他的分析方向。虽然他对“动物性”“人性”等概念进行了重新规定，但并没有质疑这些概念存在的合理性，也没有质疑在人与动物之间划界的合理性，因此，他的这些尝试与人本主义传统是“同一”逻辑，其不同之处仅在于他重绘了人与动物之间的界线（第60页）。在列维纳斯的大多数著作中，他都对动物缺乏伦理的激情，在他看来，动物没有面容，无法引起人的伦理回应。其伦理之思虽反对自我中心主义，但并未走出“人类中心主义”的窠臼。卡拉科赞赏阿甘本的“人类学机器”概念，但同时也指出了此概念的局限性：他探讨的是人类学机器对人类的影响，至于它对动物的影响是怎样的，他却没有涉及（第136页）。从整体看来，德里达的动物思想非常激进，然而在“人与动物之界线”的问题上，他却表现出思想的后撤。在《动物故我在》(*The Animal That Therefore I Am*) 中，德里达援引了海德格尔的措辞，认为人与动物之间有“深渊般”的界线。虽然两人的“深渊说”都旨在批判生物连续主义观念，但在卡拉科看来，不论从实证角度，还是从伦理角度来说，坚守界线已是不合时宜的了。

取消划界，质疑人性、动物性等概念的合理性，摧毁人类中心主义的思维惯式，是《动物志》的最终旨归。在该书的结尾，卡拉科援引了美国学者唐娜·哈拉维（Donna Haraway）在《赛博格宣言》(“A Cyborg Manifesto”）中的一段话：“到了二十世纪晚期……人与动物之间的界线被彻底打破了。独特性的最后一片阵地也已经沦陷（如果不是变成游乐场的话)。语言、工具的使用、社会行为、精神活动等都不能使人与动物的区分令人信服。”（第215页）当代动物问题研究无须重绘界线，也无须探讨动物的本质，而应关注界线的模糊性和生命的混杂性，并在此基础上创造新的概念，开辟新的思索路径。只有这样，动物问题研究才能摆脱对西方传统哲学话语的依附，自创一派，独成一体。

鸣 谢

在本书写作的过程中，我得到了外界的许多帮助和支持。在此，我要感谢以下人员和机构。温迪·洛克纳（Wendy lochner）对该课题饶有兴致，感谢她的耐心和指导。尼尔·巴德明顿（Neil Badmington）、保拉·卡瓦列里（Paola Cavalieri）、马克·古德曼（Marc Goodman）、沙欣·穆萨（Shaheen Moosa）、史蒂文·沃格尔（Steven Vogel）以及詹森·沃斯（Jason Wirth）分别阅读了该书的部分章节，并提出了建设性的反馈意见，在此我要衷心感谢他们。感谢哥伦比亚大学出版社的两位匿名审稿人给本书的建议，使我受益匪浅。此外，感谢斯威特布莱尔学院教师资助委员会（Sweet Briar College Faculty Grants Committee）提供资金上的支持。

在此，我要特别感谢彼得·阿特顿（Peter Atterton）和妮可·加勒特（Nicole Garrett）。彼得阅读了本书中的所有观点和论据，并与我一一探讨。他非凡的哲学天赋和批评才华令人钦羡，若我的著作能流露出彼得的些许才华，那么这对我来说便是天大的幸事了。妮可总是不厌其烦地聆听我的想法，帮助我理清思路。她无条件地支持和信任我的研究，给了我莫大的鼓舞，我对她的感谢无以言表。我将此书献给妮可，献给过去和现在的动物——它们使妮可和我学会了生活。

感谢出版社允许转载以下材料：

《摧毁人类学机器》（“Jamming the Anthropological Machine”）载于《吉奥乔·阿甘本：主权与生命》（*Giorgio Agamben: Sovereignty and Life*），主编马修·卡拉尔科以及斯蒂文·卡罗利（Steven DeCaroli），斯坦福大学出版社，2007年版。

序言：动物问题

哲学与动物研究

本书所探讨的议题主要涉及哲学领域，同时它又隶属于动物研究（animal studies）这一新兴的跨学科领域。动物研究包括哪些方面？如何定义它？对此学界还没有达成一致意见。然而该领域内的大多数学者一致认为“动物问题”应该成为当代批评话语中的一个核心问题。值得注意的是，科学和人文领域内的大多数学科却对此不以为意。以哲学学科为例，英美哲学家通常将动物问题贬低为环境伦理学领域（environmental ethics）中的某一亚学科，而环境伦理学只是应用伦理学（applied ethics）中一个无足轻重的领域，相应地，应用伦理学又是哲学的一个次要分支。人们通常认为，应用伦理学偏离了更为严肃、更具实质性的哲学诉求（即形而上学和认识论）。有鉴于此，很多对“动物”和“动物性”等问题颇感兴趣的哲学家都选择在动物研究的半自治领域（semiautonomousregion）中来探讨相关问题。本书主要讨论的哲学家包括：马丁·海德格尔、伊曼纽尔·列维纳斯、吉奥乔·阿甘本和雅克·德里达。他们属于哲学的一个分支，该分支或被称为“欧陆”哲学，或被称为“现代欧洲”哲学。欧陆哲学十分关注存在、伦理和社会政治等问题，这一特征使其与英美哲学区分开来（不管精确与否）。由此可见，动物问题可能会在欧陆哲学领域找到安身立命之所。但是，从历史角度看，事实远非如此。

“动物研究”是一个十分重要的哲学议题，尤其对欧陆哲学家而言，它应该具有非常重要的意义。这是本书的核心论点，我会在下文中对此做出相关论证。诚然，欧陆哲学的一些方法概念和理论框架都带有某种人类中心主义倾向，然而这些资源依然可以为“动物研究”添砖加瓦，我会在此后的章节中详尽论述这一观点。这里，我首先要解释一下动物研究领域的核心问题；其次，我要向读者解释用“动物问题”（the question of the animal）这一措词来作为本书副标题和切入点的原因。

动物研究，有时又称“人–动物研究”（human-animal studies），由人文、社会科学、生物和认知科学等众多学科组成。如前所述，在动物研究领域并没有统一的标准或者普遍可接受的定义，它的主要术语和理论聚焦仍然是开放的。就此，我认为应该努力将与动物相关的问题推至批判研究的核心，这一点对该领域来说至关重要。当然，人们对这些问题进行创设、思辨以及回应的方式在很大程度上取决于该独特领域的源头。关于动物研究，学科之间存在诸多差异，理论方法也丰富多样。尽管如此，至少有两个结构性问题反复出现：1. 动物存在或者“动物性”问题；2. 人与动物之间的差异问题。

就“动物性”或动物本性（animal nature）这一概念而言，动物是否存在一个或一组共同的本质特征呢？许多理论家对此表示怀疑。正如女性主义、酷儿理论和种族研究对本质主义的批评那样，这些理论家尝试去探究“动物性”这一概念将人与动物区分开来的运作过程，探究它是怎样在看似完全不同的生命形式中建立起同质性的。他们这样做是想揭示一点，即在动物的话语中，与其说“动物性”这一概念起一种指示性作用，毋宁说它更多地在发挥一种建构性功能（constitutive role）。人们经常（负面地）将这种分析方式和后现代的“语言唯心主义”联系在一起，事实上，非人文学科领域也常常借鉴这种分析方式，尤其在一些生物学论争方面，如物种属性和动植物分类系统的结构等。①在非人文领域，我们同样可以得出一个令人信

---

① 参见马克·艾瑞舍夫斯基（Marc Ereshefsky）的《林奈式等级的局限性：生物分类法的哲学考察》（*The Poverty of the Linnaean Hierarchy: a Philosophical Study of Biological Taxonomy*, Cambridge: Cambridge University Press, 2001），书中，作者探讨了传统生物分类学以及分支理论的困境。近年来，学者们普遍从跨学科的视角来审视“物种本质主义”，这引发了许多争论。可参见罗伯特·威尔逊（Robert A. Wilson）主编的《物种：新兴交叉学科论文集》（*Species: New Interdisciplinary Essays*, Cambridge: MIT Press, 1999）。书中，作者对这些争论进行了综述。

服的结论，即动物生命是复杂多样的，不能简化为任何一组简单（或相对复杂）的共有属性。

如果说有关“动物性”问题的争论使该概念岌岌可危，那么有关人与动物之间界线的争论则将之彻底瓦解。传统人与动物界线的划分都假定人与动物之间存在根本的不连续性(discontinuity)。但是，近年来，这种传统的划分方式受到了多个领域和视角（理论、政治以及学科等角度）的抨击。在实证科学领域，达尔文主义用渐进式的连续主义削弱了人与动物之间的二元对立。与此同时，人文社科领域也发生了类似的转向。人们通常认为，语言、对死亡的认识、意识等是人类的专属特征，然而，这些特征或者以一种类似的形式存在于非人类的动物身上，或者并非如传统话语所预设的那样在人类身上显现。

“动物性”概念历来被看作是“人性”（humanity）概念的对立面。因此，一旦“人性”概念被摧毁，那么“动物性”概念也会面临相似的命运。现今，人与动物之间的界线发生了偏转，使得思想在困境中迷失了方向。人们应该从别样的角度来重新划分两者的界线吗？如果答案是肯定的，应该从哪些角度来重新划分呢？抑或是这一界线应该被彻底打破？

在下面的章节中，我将批判地审视本书所涉及的理论家们，他们都试图建立或者重构人与动物之间的界线。在我看来，人与动物之间的界线可以并且应该被抹去，这是整本书所要捍卫的核心观点，我会从政治、伦理以及本体论等方面来论证这一观点。诚然，单靠这些哲学观念并不足以改变我们对“动物”的看法。要在观念和实际生活中公正地对待动物，这于人类而言是一个巨大的转变，哲学在其中所起到的作用十分微弱。尽管如此，我依然认为哲学是不可或缺的。如果在“动物性”以及人与动物之界线等传统概念之外，我们仍能另辟蹊径来思考动物的话，或许只有哲学才能够实现这一可能。摒弃这些传统的概念范畴后，思想会遭遇什么，我们不能预知。但我们知道，只有这样做，才能与“动物”真诚邂逅。这便是哲学在动物研究领域的重要功用：为所谓的动物事件扫除障碍、开疆拓宇。

动物问题

“动物问题”这一措辞既是本书的书名，又是该序言的标题。首先，这一措辞援引自德里达（Jacques Derrida）的著作，德里达的哲学思想和著作（尤其是动物方面的论著）使我受益良多，而援引这一措辞即是我拾慧于他的标志。德里达经常在其探讨动物问题的著作中使用这一措辞——在批判海德格尔的观点时使用得尤其多。我对德里达措辞的引用其实是在表明我的立场，即我认同德里达对传统“动物”哲学话语的批评。

在探讨“动物问题”时，德里达首先批判了传统哲学书写动物的简化主义和本质主义方式。大部分哲学家并不承认动物存在迥异的生存方式、关系以及语言，他们往往从普遍的多样性中确定出是什么构成了“动物性”或“动物存在”。有鉴于此，本书所论述的理论家们对本质主义（essentialist）的“动物性”说法提出了质疑，德里达也是其中之一。针对这一问题，德里达指出，本质主义的动物话语试图在彻底的异质性生命中构建某种同质性。德里达是如何具体论述的？他是否为人们提供了一种思考异质性动物生命的别样方式？我会在本书第五章详尽论述德里达的动物思想。从整体上说来，我认同德里达对传统本质主义话语的批判，这一批判同时也是动物问题领域中的一个重要研究内容。

在德里达看来，动物问题亦有其伦理维度。众所周知，在列维纳斯的伦理学框架中，“他者的面孔”（the face of the Other）对人之存在提出了质疑。德里达指出，“他者的面孔”不能先验地局限在人类的领域，我们可以将列维纳斯的观点再推进一步，动物也可能有“面孔”，它们可能会以出乎意料的方式拜访我，以某种姿态要求我。在本书中，我将遵循并捍卫德里达的这一观点。“动物问题”源自和我照面的那个动物，这个单数的动物，它不经意地闯入我的世界。我们彼此注视，它最终使我的存在方式受到了质疑。

除了德里达意欲表达的意义之外，“动物问题”在本书中还承载着另外的含义。它向人们提出疑问：我们是否知道如何思考动物问题？我们现存的任何一种论述（无论来源于科学还是哲学，是人类中心主义的还是非人类中心主义的）是否可以充分描绘出“动物”生命形式的丰富性以及视角的多样性呢？在动物权利的相关讨论中，动物伦理基础的建构通常会依赖于相关的科学论据。例如，为了建构动物的主体和伦理地位，人们会经常援用一些科学论据来证明某些物种的发达心智（或者相反，也有一些学者借用某些科学论据来否定动物的伦理地位）。从总体上说来，使用科学和伦理话语来描述或反思人与动物之间的关系是可行的，因此，我也会在下述章节中使用这两种不同类型的话语。然而值得注意的是，科学和哲学无法详尽地描述动物生命，这些话语带有人类中心主义倾向，无法完成语言和思维方面的彻底变革，而我们恰恰需要这场变革来反思动物生命等问题。毫无疑问，我们需要对“动物生命”展开前所未有的思索，需要创造新的语言、艺术、历史，甚至新的科学和哲学。动物研究的领域是跨学科的，准确来讲，它寻求一切可利用的资源来反思和解决动物问题。诚然，现存的话语多种多样，但如果不对其本体论基础作相应转换的话，它们是否还能够解决动物问题呢？这是本书所要探讨的一个核心问题。

除此之外，“动物问题”还意味着这一标题下所提出的诸多问题是悬而未决的，它们与某些哲学、政治议题密切相关。本书主要从伦理学、政治学和本体论角度来探讨动物问题，但随着观点的深入展开，动物问题会关涉一些更宏大、更丰富的议题，而这些议题更广泛地触及了人类的限度。有鉴于此，我将动物问题以及动物的伦理政治视为最近兴起的社会运动的一部分，这些社会运动以自由的、人本主义传统形式的激进左翼政治为目的。人们通常将“亲动物话语”(pro-animal discourse) 视为自由人本主义的延展和深化。我会尝试重塑这一话语，对自由人本主义及其根基——“形而上学的人类中心主义”提出质疑。我会和动物研究的理论家们一样，与新兴的社会运动保持一致，从而探索出一条后自由主义、后人本主义的政治途径。

人类中心主义的政治学

近年来，一些激进的政治和文化理论家就左翼分裂问题展开了争论，争论的主题是如何应对左翼的分裂以及这一分裂所带来的政治混乱问题，这些争论令人深思。人们或许会担忧，我在这一政治语境下提出“动物问题”会加剧左翼的分裂。因此，有些人质疑我的做法，认为我在试图建构一种别样的身份政治。此处，我要表明一点：我提出“动物问题”绝非是为了加剧左翼的分裂。对此疑问，我会在正文部分做出简短的解释。在我看来，当代的很多动物权利话语和政治只是身份政治的另一种形式而已，不管是从积极方面还是从消极方面，它们的确加深了左翼的分裂。许多动物权利理论家和活动家认为他们揭示了动物所共有的一些基本特性，如感觉能力和主体性。在此基础上，他们认为动物应该拥有伦理和政治地位。正是在这些争论中，动物的利益同人类个体的利益（一些身份运动也旨在争取这些个体的利益）一样获得了人们的关注。在当前的政治和法律争论中，动物的生命和死亡问题极少被人提及，在此语境下，动物权利者为动物的“利益”“发声”，是难能可贵的。然而无论在理论层面还是在伦理层面，这种动物伦理政治有相当大的困难，这不仅仅是因为它使动物权利话语的诉求显得是一种与其他激进的左派问题无关的政治，更是因为它建立在一系列假设的基础上——“动物性”领域包括哪些方面？动物的“利益”是什么？这些问题都具有极大的争议性。此外，许多动物权利的论述都在一种隐性的（有争议性的）假设下进行，即人们可以在现有的法律和政治机制中找到改善动物权利的根本途径。

动物权利话语面临两大困境。首先，为了在政治和法律领域中占有一席之地，动物权利话语不得不采纳身份政治的语言策略，但这又反过来妨碍它建构“动物性”的概念、阐释动物的“利益”。人们通常认为，动物权利运动前所未有、史无先例，与其他形式的身份政治所关注的焦点（如妇女权利、环境公正、工人权利等）截然不同。这势必会造成这些运动之间的分歧，导致动物权利政治的孤立主义倾向（就我对动物问题的理解来看，身份政治所关注的这些焦点与动物权利紧密相关，即使只是出于历史的偶然）。不管是动物权利者还是其他领域的学者都已敏锐地察觉到这种孤立主义的后果，因此，主张革新的左翼人士大多抛弃了动物权利话语，他们或将之看成是次要的（或者是第三位的）政治问题，或将之看作是资产阶级激进主义者的奢华情调。与此同时，动物权利的激进主义者认为动物权利问题远比其他政治问题重要。他们经常以改善动物权利的名义采取一些策略，而这些策略具有相当大的争议性，有时在政治上还带有退化保守的倾向。

除此之外，动物权利者还面临着另外一个微妙但同样重要的困境：现存的政治和法律机制带有浓重的人类中心主义倾向，动物权利话语如何才能够摆脱人类中心主义呢？如上所述，出于权宜之计，动物权利话语要采纳身份政治的诸多策略。除此之外，动物权利话语更不自觉地根据人类中心主义的理念准则来规定“动物性”和“动物身份”，这一倾向体现在动物权利理论和行动的方方面面。以动物权利哲学为例，汤姆·雷根（Tom Regan）是该领域的代表人物。雷根指出，动物在许多重要的方面都与人类相同，从根本上讲，动物和人一样都是生命的主体，都有其各自的偏好和欲望。然而与此同时，他又指出，“主体性”（subjectivity）这一概念或许只适用于某些动物物种。他承认，动物主体性的范围十分狭窄，许多动物并不具备“主体性”。因此严格说来，雷根争取的并非是动物的权利，而是主体的权利（rights for subjects）——人类是主体的典范。雷根的逻辑是：动物在伦理上与人类十分接近，体现出某种类主体性的特征，因此它们应被纳入伦理关怀的范围。雷根当然更愿意将一切动物都包含到伦理关怀的范围之内，然而他为何要缩小范围，只选择一些显示出基本主体性的动物呢？这是伦理哲学运作的结果，总体说来，伦理哲学暗含着人类中心主义、主体中心论的范式。为了在这一范式中占有一席之地，人们不得不使用它的语言，迎合它的需求。实际上，几个世纪以来，人们用这一人类中心主义的伦理范式和语言来否定动物，按照其尺度标准将动物排除在伦理关怀的范围之外。吊诡的是，现在的动物权利者们却试图用这一标准将某些动物纳入到伦理关怀之中。实际上，他们仅仅在重绘一个排他性界线而已。从表面看来，动物权利理论可以取代人类中心主义，可以建构出一种别开生面的伦理框架。然而实际上，它仍然无法摆脱人类中心主义和主体中心论的窠臼。为了将动物纳入法律和政治思考的范围，人们做过很多种尝试，但其结果也往往如此。当今的人类中心主义话语和机制可谓是根深蒂固，很难被取代。

尽管我们在挑战并取代人类中心主义机制方面一直缺乏有效的尝试，但是在克服左翼分裂方面却不乏一些创新性尝试。（如上所述，随着新兴社会运动的迅速扩展，左翼力量内部发生了分裂。）一大批带有普遍主义（universalist）倾向的后马克思主义和新马克思主义者认为，政治差异性与特殊性的增殖并不会产生一个激进的政治纲领，身份政治爆炸所引发的碎片化面貌需要围绕那些被贬低、被抛弃、被排除在普遍性之外的事物进行缝合。准确来说，这一观点是在“拯救普遍性”的名义下提出的。解放的政治学追求普遍性，反对排除主义（exclusion）。这种学说认为，为争取普遍性而斗争即是要认同那些被普遍性排除在外的东西，即是要揭露那种“并未包涵一切”的虚假普遍性。

这一方案旨在解决身份政治运动激增以及左翼霸权泛滥等问题，然而从根本上说来，它仍然带有浓郁的人类中心主义倾向。因为在这些争论中，不论是普遍性还是“被普遍性排除在外者”都以人类为中心——此处，“被排除在外者”指的是那些被排除在普遍性之外的人群。人们对“被排除在外者”以及普遍性的思考从来不会超越这种简单的、不加批判的人类中心主义。那些与这一普遍性标准不相符的人类以及“非人”的动物都被排除在外，这一普遍性是如何（错误地）运作的呢？这些争论并没有对此作相应的分析。

或许可以这样认为，将普遍性的政治和伦理形式，都保持在一种真正的完美的空白（truly and perfectly empty）状态中，是应对这一困境的途径——我将在随后的章节中陈述这一观点。然而，从人本主义、人类中心主义的普遍性跳跃至史无前例、非人类中心主义的普遍性并非一蹴而就。这一转换至关重要却又举步维艰，因为我们看待动物以及其他非人类生命的方式仍然是人类中心主义的，它根植于我们心中，很难被摧毁。此外，不管是以差异为基础的身份政治，还是对普遍主义的讨论，都局限在人类中心主义的范围之内。激进思想家们希望改变的便是以人类中心主义为根基的机制。我认为，在探讨这些问题的过程中，当今激进思想和政治批判的对象应是这种人类中心主义倾向，总会有某些人群错误地借用普遍性的名义，在伦理和政治上将所谓的“非人”排除在外（这里的“非人”还包括被视为“非人”的人类）。后人本主义者们将批判的矛头指向“主体性的形而上学”（或者自我中心论），他们试图建构一种前主体、后形而上学的政治思想。从这一角度出发，我认为，我们必须从非人类中心主义的角度来重塑“前主体”的关系场域。“主体”不只是现代性不可动摇的基础（fundamentum inconcussum），而且它也是这一基础中的“人”之核心——人们须明确意识到这一点，并对“主体”概念进行质疑。只有转变思想，后人本主义才能明确方向，才能真正摆脱人类中心主义和主体主义的窠臼。

人本主义的主体性以及人类中心主义

提到“主体性的形而上学”（metaphysics of subjectivity），人们通常会想到海德格尔对西方思想史的解读。在海德格尔看来，“主体性的形而上学”这一措辞是重复的冗言，因为形而上学的历史只不过展现了主体性的相关概念。确切来说，海德格尔认为，西方形而上学根据人类的不同主体范式才得以确立、展现和完善——这些人类的主体范式向自身显现，向世界中的“遭际者”显现。然而，比“主/客体”在场的范式更为根本的是主体和世界原初的“共同敞露”(coexposure)，这要早于二元对立的划分方式。海德格尔认为，形而上学遗忘了这种原初的“共同敞露”。为了揭示形而上学传统建构过程中被遗忘的东西，海德格尔回溯了整个形而上学的历史，对“主体”概念展开了批判。德里达受惠于海德格尔的主体批判思想，他对主体性的批判也往往涉及“主体性的形而上学”“存在的形而上学”等概念。同海德格尔一样，德里达也认为主体性概念是形而上学的，与“在场”(presence)、“自我同一性”(self-identity)等概念密切相关。对这两位哲学家而言，思想的首要任务应是质疑“主体”概念，思考被它排除在外的他异性（不管是从“书写”角度、“本有”(Ereignis)角度，还是从其他角度。)

海德格尔和德里达在分析形而上学传统时，都不约而同地带有概念的基础主义倾向（在这里，“主体”概念带有某种无法克服的形而上学特质)，我对此持有质疑。然而，我认同他们的如下观点，即“主体”概念承载了太多的形而上学重负，它的根本前提是对他异性的遗忘。可以说，“他异性”既建构了主体，又瓦解了主体。从整体上说来，我认同海德格尔和德里达对主体性形而上学的批判。然而，我会在这些思想的基础上继续深化，因为即便人们超越了在场和自我同一性的形而上学以及主体性形而上学等概念，他们也惯于从人类中心主义的角度来阐释“主体性”概念。“主体”从来不是中性的经验主体，它往往指涉的是人类主体。正是对特定人类主体性范式的沉思，形而上学才得以建构。

当前，后现象学（如列维纳斯）以及新马克思主义和新拉康主义（如齐泽克、阿兰·巴迪欧）的政治理论备受追捧。然而在我看来，这两股理论思潮都暗含人类中心主义倾向。有鉴于此，我对这些政治理论家保持审慎的批判立场。这两种哲学传统都力图恢复“主体性概念”，它们认为一些激进理论家对“主体”概念的批评有些言过其实了。在它们看来，所谓的“主体之死”在理论上并无多大建树。齐泽克、列维纳斯和巴丢等思想家认为，“主体性”概念不能简化为现代性的自主主体。激进的伦理学（列维纳斯）和政治学（齐泽克、巴迪欧）都没有摒弃“主体性”概念。然而，值得注意的是，他们所主张的“主体性概念”又不同于海德格尔、德里达所批判的主体性范式。他们认为，“主体”这一概念本身就包含着理解主体性的另一要素，因为要成为“主体”（subject）也就意味着成为“处于基底者”（sub-ject），从字面意义上来看，就是被“异于自身的事物”压在底下，作为支撑。我们可以看到，就这一概念的原初义而言，它有潜力成为一个激进的伦理政治概念。在这一语境中，“主体”不再是现代性中自主的、支配性的、原子化的主体。毋宁说，它是事件的目击者和承担者——这里的事件超越了单个主体的界线，并召唤这个主体进入存在之中。此时，主体承担着事件，他异性凌驾于主体之上，主体要为事件和他异性负责。由此可见，这里的“主体”概念与主体性形而上学（以及人本主义）中的自我在场、自我同一的“主体”概念截然不同。

在后现象学、新马克思主义以及新拉康主义的话语中，主体性概念超越了形而上学人本主义的束缚，通向了一片崭新天地。但是，它是否超越了形而上学人类中心主义的局限性呢？这点不甚明了。在他们看来，主体由于对某一事件做出回应而被召唤进入存在之中，这里的主体往往是人类的主体，这里的事件也往往是人类活动的事件（anthropogenic event）。在这些哲学文本中从来就没有动物主体或“非人”主体，也没有非人生命活动的事件。它们顶多将动物以及其他非人的生命形式描绘成“使‘我们’好奇和着迷的存在”①。他们从来不是事件的主体，也无法建构一个事件。

这种隐含的人类中心主义是当今欧陆哲学的一个主要盲点，我会在本书中进行阐述。我们可以利用德里达、德勒兹等思想家的理论成果来揭露、批判甚至超越这种隐含的人类中心主义倾向。近年来，欧陆哲学掀起了一场争论，争论主要围绕着两个问题，即对于激进的政治学而言，德里达、德勒兹等思想家有何局限性？他们对主体性的批判怎样导致了“政治的终结”？在我看来，人们误解了德勒兹、德里达

---

① 阿兰·巴迪欧：《论争集》（*Polemics*, trans. Steve Corcoran, London: Verso, 2006），第106页。

（甚至是阿甘本）等思想家在主体性批判方面的核心观点，我会在正文部分对此进行详细论述。批判主体性形而上学就要清算“笛卡尔式主体性”（Cartesian subjectivity）的遗产在现代性和后现代性中所造成的后果。除此之外，如果我们能审慎地对待“主体性形而上学批判”问题，那么我们就会更为全面地看到形而上学人本主义与形而上学人类中心主义之间的内在关联。纵观当今的激进政治和理论，若不对人类中心主义立场进行质疑，便算不上是“激进”理论，有保守陈旧之嫌。我们不能以拯救人类中心主义主体性的名义终结激进政治，德里达、德勒兹等思想家纷纷对人类中心主义立场展开了批判，从而开创了非人类中心主义的思想。可以说，他们为后人设立了一个思想的路标，我们要沿着这个路标斩荆披棘、继续前行，这一点至关重要。①

---

① 此处，我没有探讨格拉汉姆·哈曼（Graham Harman）以及雷·布拉西耶（Ray Brassier）等人的著述，值得一提的是，他们从本体论角度对人类中心主义展开了深刻的批判。在本书中，我尝试从伦理和政治角度批判人类中心主义。我希望另起一文详尽论述他们的观点，从而与我的观点形成呼应。具体可参见格拉汉姆·哈曼的《游击形而上学：现象学与事物的工艺》（*Guerilla Metaphysics*: *Phenomenology and the Carpentry of Things*, Chicago: Open Court, 2005），雷·布拉西耶的《虚无的解放：启蒙运动与灭绝》（*Nihil Unbound*: *Enlightenment and Extinction*, London: Palgrave MacMillanllk UK, 2007）。

各章节概要

在文章末尾部分，我简明扼要地概括一下各章要点。第一章“形而上学的人类中心主义”探讨的是海德格尔有关动物和动物性的话语。在我看来，海德格尔批判了人类沙文主义以及形而上学的人本主义，开辟了新的思想视野，然而他的理论仍然带有刻板的人类中心主义倾向。第二章“面对动物他者”探讨的是列维纳斯的动物思想，在该章节中，我重点探讨了如下问题：列维纳斯的思想是否与激进的动物伦理政治相协调一致？在我看来，列维纳斯的理论有时会带有某种人类中心主义色彩，然而，如果我们能抹去这种人类中心主义倾向，谨慎地理解列维纳斯的思想，就会发现他的思想对建构新型的动物伦理和政治颇有助益。第三章“摧毁人类学机器”探讨的是阿甘本的动物思想，在本章中，我会梳理阿甘本的思想脉络，追溯他对动物问题的关注。他近期关于动物问题的研究，构成了他思想中的一个巨大断裂。阿甘本指出，我们应该从政治和本体论层面抛弃人与动物之界线，这是一个重要的哲学方案，我们应该探讨它的批判性前景和重重困境。最后一章“动物的激情”探讨的是德里达的动物思想。如前所述，德里达详尽阐述了动物问题。因此，若要理解德里达繁复的思想框架，就须理解他对动物问题的探讨。对人类中心主义的批评是贯穿全书的线索，德里达的动物思想一方面深化了这一批评，同时又有其局限性。可以说，他对人类中心主义的批评并不彻底。

目　录 | CONTENTS

第一章
形而上学的人类中心主义——海德格尔

导 言

若要在当代欧陆哲学的语境中审视动物问题，我们须探讨海德格尔的动物思想。可以说，海德格尔是探讨动物问题的理想起点，他为欧陆思想中的众多研究领域提供了议题，对当代现象学、解构主义和精神分析等哲学思潮产生了巨大影响。具体到动物问题方面，海德格尔深入探讨了动物生命的本质以及人与动物之界线等问题，对后世的启发很大（尽管也饱受争议）。我十分敬重海德格尔的思想，他对诸多哲学问题的反思都颇具独创性。然而，在本章中，我会从一种批判性（有时还略苛刻）的视角来审视海德格尔的思想。在我看来，海德格尔将动物问题在当代思想中边缘化了。在本章中，我致力于探究海德格尔的思想，意在揭示如下两点：1. 海德格尔的动物思想与我所倡导的动物思想有何不同？2. 他是如何偏离正轨、走入歧途的？值得注意的是，尽管我对海德格尔的思想持批判态度，然而我所提出的问题和论点基本上都源于海德格尔。可以说，海德格尔为我开启了崭新的思想视野。本书的写作是一种尝试，一方面旨在深化和扩展海德格尔思想中的某些脉络，另一方面旨在探讨海德格尔所忽视的重要问题——他曾蜻蜓点水式地触及过这些问题，却并未给予重视。

动物存在：人文科学和动物科学的重新定位

海德格尔的一些早期文本曾涉及动物问题，如他早期的代表性著作《存在与时间》①。该书的绝大部分篇幅并未探讨动物问题，在对“此在”（Dasein）的生存论分析过程中，他有几处提到了“动物”，却并未深入探讨动物存在的问题，更未触及“人与动物之界线”这一重要的哲学问题。例如，他曾在《存在与时间》（第1部分，第3章）中对“上手状态”（Zuhandenheit）进行了探讨，其中，他简单提及动物毛皮的作用。动物的毛皮是皮鞋制作的原材料，这些毛皮“来自于动物，而这些动物又是由他人所畜养的”（海德格尔并未注意到，人类获取毛皮的方式是屠宰他们所豢养

---

① 马丁·海德格尔：《存在与时间》（*Being and Time*, trans. John Macquarrie and Edward Robinson, New York: Harper and Row, 1962）。

的动物)。[1]在这一语境中,动物仅仅是皮鞋制作的质料。然而海德格尔指出,从现象学角度来说,动物并不仅仅是人们在制作产品过程中所使用的原料,在很多情况下,我们与动物的照面完全超出了人类驯养的范围(例如,在"自然"中)。即便与我们照面的动物经过了人类的驯化和饲养,服务于人类的目的,它们也远不止是一种人工制品。动物不能简化为人类的受造物,确切说来,它们"生产着自身"(produce themselves)。[2]然而,海德格尔并未在此基础上探讨动物存在的独特方式。人类的存在方式与动物的存在方式之间存在诸多差异(这些差异居于此在生存论分析的核心位置,我会在下文中详尽探讨这一点),探讨动物存在的独特方式可以帮助我们理解这些差异,然而海德格尔并没有继续探寻它的内涵。

在《存在与时间》的第2部分第1章,海德格尔重点探讨了此在"向死存在"的独特方式。为了突出动物之死(animal death)与此在独特有限性之间的差别,海德格尔再次提及动物问题。[3]他指出,如若从生命科学的角度来看,研究动物之死的方法同样也可用来研究人之死。人们可以借此分析此在死亡的原因、寿命、繁殖等状况,然而这种分析

---

① 海德格尔:《存在与时间》,第100页。

② 海德格尔:《存在与时间》。

③ 海德格尔:《存在与时间》,第46-53页。

方法也存在弊端。它无法把握人类此在有限性特有的本体论特征，也就是说，它不能理解此在死亡（海德格尔称之为“demises”）的独特方式，不能领会此在之存在与其有限性（海德格尔称这一有限性为“dying”）之间的关联。此在与死亡、有限性相关，它从来都不是简单的消失或者完结。动物则与此不同，它只拥有生命，与有限性无关。它们从来不会死亡（die or demise），只会消失（perish）。在海德格尔看来，死亡和赴死是一种有限性形式，这种形式是人类此在的专属特征，动物无法拥有这一特征。

如上所言，海德格尔认为，在死亡的方式方面，人与动物之间存在本质的差异。德里达对这一观点进行了批判，他指出，海德格尔的结论过于武断，缺乏充分的科学基础和本体论根基。①我们承认德里达批判的价值，然而此处还有一

---

① 雅克·德里达：《绝境：垂死等待（彼此在）真理的边界》（*Aporias*: *Dying—Awaiting* [*One Another at*] *the Limits of Truth*, trans. Thomas Dutoit, Stanford, Calif.: Stanford University Press, 1993）。也可参见吉尔·德勒兹在《文学与生命》一文中的评论：“动物知道自己终将死去，也能感觉或预感到死亡。”（“Literature and Life”, trans. Daniel W. Smith and Michael A. Greco, *Critical Inquiry* 23 [Winter 1997]: 226）Allan Kellehear 也就人类与死亡的独特关系问题对人类中心主义偏见进行了深刻的批判，可参见《垂死的社会史》（*A Social History of Dying*, Cambridge: Cambridge University Press, 2007），第 11–15 页。

点不甚明了，即海德格尔探讨了动物的死亡方式，分析了动物在此在日常平均世界中的显现，他这样做的目的是为了建构一种基本的动物性本体论吗？海德格尔认为，如果不重提存在的意义问题，任何建构动物本体论的尝试都是仓促草率的。在《存在与时间》的开篇，海德格尔便指出，要规定人类此在之存在的意义，探讨存在问题（Seinfrage）是最佳途径。无疑，此在的本体论优先性居于存在问题的核心。海德格尔在《存在与时间》中对动物问题的简单涉及仅仅是宏大生命本体论中的一个片段，并且生命本体论的完善附属于（或依赖于）对存在问题的追问。海德格尔对此在做了深入广泛的生存论分析，然而这仍是不完整的，仍然停留在初级阶段，因为这一分析建立在追问存在问题的基础上。因此，如若有人指望从《存在与时间》中揭示出海德格尔所认为的动物之根本存在是什么，那么他将会大失所望。

然而，海德格尔在《存在与时间》中也涉及动物生命之存在的问题，他两次提及规定生命存在之意义的重要性（在这里，生命存在包括植物和动物）。他指出，若要规定生命之存在，就须通过一种“褫夺性的解释”（privative interpretation）来进行，即从此在的“生命”出发，指出非人类的生命并不具备人类此在独特存在方式中的某些要素。我们并不认同海德格尔的“褫夺性的解释”，然而，我们也须明确一点，即海德格尔在构思《存在与时间》时并没有将动物问题以及更为宏大的生命存在问题排除在外，纵然他并没有对这一问题展开详尽分析。

诚然,《存在与时间》所关注的焦点是人类此在之存在的问题,然而本书的目标绝不仅仅是为哲学人类学或人文科学研究提供本体论根基,它还有一个重要目标,即复苏科学。在他看来,只有将科学置于基本的本体论根基之上,这一复苏才可能发生。有鉴于此,海德格尔谈到了存在者之存在的"生产逻辑"(productive logic),即让存在者在其存在中显现自身。这一"生产逻辑"先于科学,而不是在其身后"跛足前行"、收集科学数据、分析科学结果。①生物科学以动物以及其他生命形式为研究对象,海德格尔指出,这门科学的根基面临着重重危机。为了从本体论角度对生物科学进行重新定位,海德格尔返回到本源,对存在问题展开追问。他希望借此对自然科学进行重新定位,对人文科学进行重新审视。尽管海德格尔的思想带有浓重的人类中心主义(或此在中心主义)倾向,但他十分关注人类和非人类生命等问题,甚至将这些问题视为其哲学思想的焦点。

如上所言,海德格尔在《存在与时间》中承诺为科学建构一种"生产逻辑",然而他并未完成这一许诺。但值得一提的是,他在一些文本中曾论及"生产逻辑"的某些要素。特别是关于生命和动物的存在问题,海德格尔在 1929 至 1930 年的课程讲座"形而上学的基本概念"中作了详尽

---

① 海德格尔:《存在与时间》,第 30 页。

的分析。①在该书中，海德格尔阐述了科学和哲学之间的复杂关系。通常来说，探索和规定动物生命之存在是科学的任务，然而海德格尔指出，哲学也会在其中发挥重要作用。在《存在与时间》中，海德格尔探讨了动物之死，然而他没有引用相关的科学证据，换言之，他没有将哲学探讨与科学文献有机衔接在一起。在《形而上学的基本概念》中，海德格尔做到了这一点，他尝试在科学和哲学之间建构一种优势互补的关系。书中，他援引了许多科学文献，可见他对当时的生物学（动物学）论争十分熟悉。他指出，哲学与科学之间应"共同合作"（*FCM*, 190），虽然它们是两种截然不同的探究方式，但它们的共同任务是"探究存在者之存在是如何显现自身的"。就此而论，本书的目的并不是表明哲学在探索和规定动物存在方面比科学更有优势，而意在表明如下观点，即若要在哲学层面规定动物之本质（即动物性），就必须要与具体科学研究展开思想的交锋，并在此基础上按照这些思路对科学研究进行重新定位。

我们须在这一背景下来理解海德格尔对动物问题的探讨，这些探讨源自于当时动物学和生物学方面的研究趋势，

---

① 海德格尔：《形而上学的基本概念：世界、有限性以及孤独》（*The Fundamental Concepts of Metaphysics*：*World*，*Finitude*，*Solitude*，trans. William McNeill and Nicholas Walker，Bloomington：Indiana University Press，1995），以下简称 *FCM*。

若撇去这一科学研究趋势不谈，便无法理解海德格尔的动物观点。具体说来，海德格尔认为自己参与到了科学界的论争之中，他们所争论的主题是：生命的本质是什么？如何理解生命的本质，其方法论是什么？他赞同当代动物学家和生物学家的观点，认为研究者们在规定“生命”时，不应将其简化为物理和化学。活力论以及人类心理学的诸变体理论是当时科学界探讨动物生命的主流方式，海德格尔并不认同这些研究方法。他指出，这些范畴并不仅仅源于动物生命领域，也并不仅仅适用于这一领域。换言之，它们并不是动物研究领域的专属范畴。他认为，同时代的动物学和生物学要抵制“物理和化学的暴政”（*FCM*，188），要进行本质的思考，要自主地对生命进行规定，让生命用它自己的方式来显现自身。然而，随着探讨的不断深入，海德格尔渐渐与这些生物学家保持距离。他指出，对人类进行生物学分析，过分简化了人类生命的本质。实际上，这种简化主义倾向与科学中的“物理和化学暴政”一样，都犯了简化主义的错误。在海德格尔看来，动物生命和人类生命是两种截然不同的存在，生物学和动物学领域中的术语无法把握人类存在。他的目的是在科学和形而上学之间建立某种互动关系，科学中的一些实证研究成果可以印证形而上学和现象学中的某些观念，反之亦然。一方面，一种生命存在不能简化为另一种生命存在；另一方面，两者不能混为一谈。书中，海德格尔尝试对动物生命进行一种恰当的生物学和动物学分析。他这样做承担着双重风险：其一，将动物简化为一种机械的存在；其二，将动物生命与人类生命混为一谈。

基于对上述双重风险的考虑，海德格尔在《形而上学的基本概念》的第二部分探讨“世界”概念。人类建构着世界（world-forming），动物则贫乏在世（poor in world）。海德格尔用“世界”概念将人类与动物区别开来，并揭示了它们各自的存在方式。海德格尔的主要目的并不是揭示动物的动物性，而是规定人类此在与世界之间的独特关系，这一独特关系为形而上学研究带来了疑问和难题。《形而上学的基本概念》集中探讨的是人类之存在，而不是动物生命问题，从这一角度来说，该书带有人类中心主义色彩。尽管如此，海德格尔在书中对动物存在进行了详尽的现象学和形而上学分析，并尝试从动物自身角度来规定动物生命。海德格尔尝试从非人类中心主义角度来思考动物存在，这一尝试是该书最为激进的部分。因此，海德格尔的思想是我探讨动物问题的起点，它为以下章节的具体论述奠定了基础。海德格尔的动物思想模棱两可、争议重重，然而他的思想是奠基性的，使我受益良多。一方面，这些为我理解列维纳斯、阿甘本和德里达提供了思想坐标；另一方面，以一种非人类中心主义的方式来进行哲思势必会遇到很多困境，海德格尔的思想为我全面思考和解决这些困境提供了理论参考。

海德格尔从“世界”概念出发，对生命存在进行了规定：石头是无世界的，动物贫乏在世，人类则建构世界。他汲取了一些常识性的观念以及基督教思想（即人类在其他“受造物”中的位置）而得出这一饱受争论的结论。在基督教和常识中的“世界”概念中，人类既隶属于世界，又在某种程度上位于世界的对立面，将世界对象化。动物和无生命的存在无法站立在世界的对立面，它们完全沉浸在世界之中。如果海德格尔仅仅止步于此，那么他的分析便了然无趣了。海德格尔一方面借鉴了这些主流观点，另一方面又对它们进行了批判性审视。这一维度才是海德格尔动物思想的亮点，值得我们去探究。之前的哲学传统主张，在人类与动物之间、在生命与无生命的存在之间存在明确的界线，然而海德格尔却对这种观点不以为然。他指出，带有人类中心主义倾向的常识或科学研究无法恰当地理解非人类存在，他对这些方法提出了质疑。

海德格尔强调，我们要打破那些理解非人类存在的主流思维惯式，要质疑那些将人与动物区别开来的主流等级评价体系（*FCM*，194）。例如，主流观念认为人类的世界比动物的世界“充实”，换言之，与动物相比，人类可以获得更丰富广阔的体验，可以拥有更复杂的存在方式。如果我们采纳这种观点，就无法理解动物与其所邂逅的其他存在之间的独特关系。海德格尔指出，如果我们按照主流观点（即动物比人类“低级”“简单”）对人类和动物各自的世界关系进行比照式审视，那么我们便无法真正把握动物生命。这类主流等级评价体系意味着人类和动物之间的差异是一种等级差异，换言之，人类比动物拥有更高等级的能力和关系。

海德格尔发现，这类主流观点对动物生命的论述是值得怀疑的，这首先是因为它们在实证方面经不起检验。各类不同的动物，在它们的环境中与其他生命之间所建构的关系极其复杂而丰富。从复杂性角度来说，这种关系与人类所建构的关系不相上下，甚至有过之而无不及（例如，鸟的视觉或狗的嗅觉）。其次，海德格尔并不赞同用“等级差异”（degree-of-difference）的方式来对人类和动物进行区分，这是因为这种方式假定人类-世界的关系与动物-世界的关系之间存在某种相似或相异性。海德格尔指出，人类与动物之间并不存在等级或量上的差异，它们在本质上是不同的，换言之，人类-世界的关系与动物-世界的关系之间有着深渊般的差异。因此，我们要以一种最根本、最彻底的方式来理解人类和动物。人类与动物之间“深渊般的差异”是不可逾越的。从这种意义上说来，动物的世界永远无法与人类的世界进行比较（compare with），只能进行异质性的比照（compare to），反之亦然。①书中，海德格尔反复强调人类与动物之间的断裂和深渊。人们通常用生物学术语（即达尔文式的术语）来阐释人类生命，从科学角度来说，这种阐释方式可能具有一定的实用性。然而海德格尔指出，这种方式试图从动

① “compare A with B”指的是A项与B项之间存在相同和相异性，可进行程度上的比较；“compare A to B”也有“比较”的意思，但A项与B项之间是异质的，不能进行程度上的对比。——译者注

物生命和其他自然生命的角度来理解人类，其实是简化了人类生命，并未触及人类此在的特有本质。因此，海德格尔择取了适合每一种存在的术语角度和理解方式，用它们来探讨人类和动物各自的世界关系。在动物问题上，海德格尔指出，我们不应按照常识和人类心理学观念来审视动物，而应“审视动物性自身”（*FCM*，195），并从动物性角度来揭示“贫乏在世”的含义。

在《形而上学的基本概念》中，上述观点无疑是海德格尔的动物思想中最有价值、最具激进色彩，同时也最具教条色彩、最富有争议性的。海德格尔对西方哲学传统进行了批判性地审视，他尝试从动物自身的角度来理解动物存在的独特方式以及其独特的世界关系，这无疑是思想上的重大突破和进步。传统哲学家们惯于透过人类的棱镜来看待动物，在他们看来，动物缺乏人类所独有的某个或某些特征（能力）。海德格尔在《形而上学的基本概念》中竭力避免这样的错误，尝试超越哲学传统，超越人类中心主义，这为后辈学者的思考和探索开辟了道路。然而与此同时，我们也需要注意一点，海德格尔在书中的主要目标是规定人类和动物各自的世界关系，他的方法是在指出两者的本质不同，从而在它们之间划定明晰界线。就这一点来说，他的思想是一种最传统、最教条化的哲学偏见。最初，海德格尔承认“在人类和动物之间划定界线是一件非常困难的事情”，这使得他在“人类与动物之区别”问题的探讨上不落入那些俗套的常识性假定中。然而，是否能够（应该）在人类与动物之间划定界线？他从未认真审视过这一问题。

海德格尔对人与动物之间的等级区分提出了质疑，我们认同这一观点，但并不认为应该固守人与动物之区分，或者用此区分来引导未来的哲学或科学研究。如果我们的目标是从动物角度来审视动物独特的存在方式，那么这一目标就要承担很多风险，而其中一个风险就是摒弃人与动物之界线。海德格尔从一开始便指出，人类此在与动物生命之间有着十分明晰且深渊般的差异，然而当实证主义以及社会科学领域都对此持相反看法的时候，我们还能如何确定人与动物之间存在深渊般的本质差异？书中，海德格尔说道，动物生命“领域”包括种类繁多的存在，涵盖了哺乳动物、鸟类、鱼类、昆虫类、单细胞生命（如变形虫）等数以亿计的不同物种（*FCM*，186）。既然动物生命繁杂多样，若仍假定人类此在与动物生命之间存在明确界线的话，是不是过于轻率？人们从什么角度做出这样的假定呢？当哲学家们在人与动物之间划分形而上学式的界线时，实证科学领域是否印证了这些说法？海德格尔建议，人们在规定某些基本概念时，应借助科学和形而上学的共同力量，在两个学科之间建立一种坚实的“共同合作”关系。科学印证形而上学概念，与此同时，这些形而上学概念又能引导科学发展。我们的问题是：实证科学是否证实了海德格尔所提出的概念和观点？它是否印证了人与动物之间的深渊般差异？反过来，这些概念和观点是否对实证科学有所帮助？它们是否可以引导实证科学进行深入研究？如若我们细读海德格尔的文本，我们会提出如下质疑：他是否真的如他所承诺的那样，从审视动物性自身与审视此在本身中，明晰人类此在与动物之间的界线呢？抑或说，这种划分仍然同传统哲学一样，是教条式地从外部粗暴地强加的？

海德格尔从“世界”角度对人类此在和动物生命进行了区分，然而这种做法可能会产生一个负面效应，即人们可能将动物等同于“物质”，将它们视为一种机械式的存在，这与笛卡尔的动物自动机（animal automatons）观念颇为相似。海德格尔将动物规定为“贫乏在世”，这与“无世界”的石头有何区别呢？既然动物被剥夺了世界，它们和石头不都一样没有世界吗？动物的“被剥夺了世界”还能意味着什么呢？海德格尔强调，带有简化主义色彩的科学倾向于将动物看作是物质，它无法把握动物的独特存在，动物在本质上不同于物质（如石头）。在他看来，“石头-世界”与“动物-世界”全然不同，这就像“人类-世界”与“动物-世界”在本质上也截然不同一样。海德格尔指出，假若将“世界”规定为这样一个空间——在这里，某一特定存在与其他存在者们建立联系，并周旋其中，那么，石头是没有世界的。它无法丧失世界，因为它无法朝其周围的存在者敞开。石头“暴露”在许多其他存在者之中，但它无法建立某种情感或关系结构，因此它无法与那些存在者打交道。相比之下，动物可以与周围的存在者建立联系，它生活于其中，能够与其他存在者打交道。海德格尔写道："每一个动物都与其营养来源、猎物、敌人、配偶等有着一套特定的关系。这些关系有它们自己独特的基本特征，我们很难领会它们，这要求我们有高度谨慎的方法论远见。"（*FCM*，198）动物与其环境中的其他存在者保持着一系列的关系，它们周旋其中，与这些存在者打交道，所以从根本上讲，它们与石头是截然不同的。在这种意义上说，动物的确拥有世界。

从这一角度（动物贫乏在世）来审视动物生命，是困难重重的。令海德格尔担忧的是，若缺乏审慎的态度，若无法从动物自身的角度来理解它，那么我们可能会认为"动物-世界"与"人类-世界"之间是可以进行比较的，可以根据人类和动物各自拥有世界的程度来阐释人与动物之区别。海德格尔认为，即便动物可以在其环境中与其他存在者们建立联系，可以周旋其中，但这并不意味着动物和人类此在拥有相同的关系结构和情感结构。无论动物的世界有多么充实复杂，它们都无法使自己通达另一种存在，即通达实存之存在。只有人类此在才有可能通达存在者之为存在（如树木之为树木、狗之为狗）。这种"之为"（as）结构标志着人类所独有的向世界和存在的敞开。与之相比，动物生命被剥夺了这一结构，或者说它们缺乏这一结构，这使它们"贫乏在世"。

海德格尔强调，动物的"贫乏在世"结构不是一种人类中心主义的推断，而是从动物性角度的细致分析中所得出的结论（海德格尔的这一观点具有争议性）。他从现象学层面思考了自身“变换”（transposing）成另一种动物的可能性，换言之，以动物所特有的方式与另一个动物共处。在这种情况下，“变换”的目的不是成为另一种动物，而是以该动物独特的存在方式（以及它独特的环境关系）与它共处。海德格尔认为，正如我们总被“变换”到其他的人类此在中，因为共在（being-with）是人类此在的生存论性质（existentialia），我们也总被“变换”到另外的动物中。我们或多或少会从动物的角度来思考和观察事物，我们栖居于它们周围，与它们为邻。它们是我们世界的一部分，同样，我们也是它们世界的一部分。然而，动物究竟拥有怎样的“世界”呢？“人类-世界”与“动物-世界”之间到底有何不同？海德格尔在书中以家畜为例，对此进行了阐释：

> （家畜）属于房屋，从某种意义上说，它们为这座房屋服务。屋顶属于房屋，它为房屋抵御狂风暴雨。然而，家畜并不以这样的方式隶属于房屋。我们在家中饲养这些家畜，它们同我们“一起生活”（live with）。如果“生活”意味着以一种动物的方式而存在的话，那么，我们并没有同它们“一起生活”。然而，我们却与它们同在（be with）。这种“同在”（being-with）不是共同存在（existing-with），因为家畜（如一只狗）只是活着而不存在。正是这种“与动物同在”使我们能够将动物移至我

> 们的世界。我们说，这只狗正躺在桌子底下或正跑上楼梯等。当我们思考狗时——它是否能意识到桌子之为桌子、楼梯之为楼梯呢？不过，它的确在和我们一起上楼梯。它同我们一起进食（feed）——然而，我们并非是真正的“进食”。它同我们一起“吃饭”（eat）——然而，它并非是真正的“吃饭”。虽说如此，它与我们一起！一道生存……一种换位思考，但又不是。
>
> （*FCM*，210）

海德格尔认为，从某种程度上说，换位思考是可能的，换言之，人类可以从另一种动物的角度来思考。然而，这种转换被如下问题所制约，即动物存在从根本上不同于人类此在之存在，在描述两者看似相同的活动时，我们应该用完全不同的术语（人类此在存在于世，而动物只是活着；人类此在吃饭，而动物只是进食等）。人类此在能够与其周围的存在者建立关联，能够通达存在者之存在。动物则不然，它们无法通达存在者之存在，因此根本没有“世界”可言。

然而，我们也可以从另外的角度来分析海德格尔的论述。一方面，人类此在是否总已从其他动物的视角来观察问题，对此我们并不能确定。海德格尔以家畜为例来进行相关论证，然而这一点是有问题的，因为家畜是所有动物中最能够与人类“一道生存”的。事实上，人们对非家畜类动物的认知远远不够，换言之，非家畜动物通常笼罩在神秘之中。许多科学家选择与这样的动物共同生活多年，然而在人类与动物“共存”的问题上，他们所提供给我们的知识仅仅是初步的。因此，人类此在是否可以从动物的视角来观察问题？有没有换位思考的可能性？其程度如何？这些问题都没有一个统一的答案，所探讨的动物物种不同，答案也不尽相同。海德格尔以家畜为例探讨了“动物性”以及“动物-世界”问题，他的结论建基于“家畜”的例证上，忽视了非家畜动物，因此他的做法有失偏颇。在海德格尔这里，对一种家畜的陈述（狗的例子）并不仅仅是一个个例研究，而是对动物性之本质的陈述，此举有些武断，因为在“动物-世界”关系问题上，我们无法保证所有动物身上存在某些共同的本质关系结构。海德格尔就以此为前提而得出最后的结论，有以偏概全之嫌。这种论断最起码需要经过审慎的实证调查，并有助于更深入的科学探究。如上文所言，海德格尔认为，科学和形而上学之间应该“共同合作”，从这个角度来说，我们更有理由来质疑海德格尔结论的正确性。不论在海德格尔的时代，还是在当代，动物行为学家们还未证实大多数动物物种的“动物-世界”关系结构，在这种情况下，有谁可以表明动物关系的本质呢？海德格尔主张，形而上学和科学之间应相互合作、相互推动，然而他的论据并不是取自科学领域，其最终结论也并未得到实证科学的支撑。因此，他的结论是武断的。在没有充足证据的前提下，海德格尔仍宣称人与动物之间存在明晰（甚至是深渊般的）界线，其目的在于捍卫“人类此在”与“存在者之存在”之间的独特关系，难道不是吗？

海德格尔承认，家畜与人类“一道生存”，它们融入我们的生活，将自身转换至我们的世界。对于这种家畜世界和人类世界的重叠，还值得深入探讨。它们是如何融入人类世界并伴随人类生活的？在“动物-世界”的关系方面，这些动物的适应性与转换能力表明了什么？在世界关系的建构方面，各种动物物种之间，甚至每个个体动物之间，都存在巨大的差异。当我们在探讨动物或人与动物之界线等问题时，应时刻注意这一点，切勿做出任何仓促轻率的论断。事实上，我们可能会在进一步研究后得出这样的结论：“世界”这一现象学概念并不能作为区分人与动物的根基，因为有一些动物在世界建构方面似乎相当“充实”。

海德格尔在《形而上学的基本概念》中对“动物性”进行了详尽分析，在这份讲稿的结尾，他似乎也意识到上述质疑和批评是中肯的。他承认自己对动物性本质的讨论还不够全面，他集中探讨的是动物有机体的整体结构和关系结构，忽视了动物的“能动性”（*FCM*，265）。与此同时，他也承认自己实际上是在以一种人类中心主义的方式来探讨具体问题。这一点同时也是许多动物哲学话语的典型问题。海德格尔尝试从动物自身的角度来理解动物与世界的关系，然而在他看来，只有从人类中心主义的视角来看问题，这一思想才能获得意义和方向。海德格尔的人类中心主义倾向主要包括两种形式。一方面，海德格尔探讨“动物-世界”问题意在将动物之存在界定为一个截然不同的群体。在他看来，研究这个问题只对人类和哲学探究有意义。另一方面，尽管海德格尔承诺从动物角度来探讨动物性问题，然而他的分析仅仅是要揭示人类此在的本质及其独特的关系结构。确切说来，海德格尔探讨动物问题的目的是揭示此在之存在的本质，而这一目的调整并规定着海德格尔的分析方向。无疑，这种人类中心主义倾向可能是无法克服的，在某些语境中，它还具有一定的可取性。然而，人类中心主义倾向带有某种独断性色彩，其结论往往富有争议性，特别是思考人类与动物之间存在的某些差异时。

海德格尔的动物思想对后世的欧陆哲学产生了重大影响，我会在后面的章节中对此进行详细论述。除此之外，我们还应注意一点，即海德格尔在早期文本中对动物问题的探讨对其后来的作品影响很大。在《形而上学的基本概念》之后，海德格尔对动物性问题的探讨越来越独断，越来越富有争议性。诚然，海德格尔在《形而上学的基本概念》一书中对动物问题的探讨有其局限性，然而它在某些方面给我们很多启发。首先，传统哲学话语普遍认为，动物生命比人类生命低劣，且与人类相比，动物的生存状态相对“贫瘠”。海德格尔质疑传统哲学话语对动物性问题的探讨，否定人们对人与动物所做出的等级区分。他明确指出，人们应从别样的视角来思考动物问题，应敢于质疑传统哲学话语，应尝试突破人类中心主义框架，这为我们思考动物问题指明了方向。其次，海德格尔尝试从动物的视角来探讨“动物”与“世界”的关系问题，这为哲学远离独断的人类中心主义开辟了道路。虽然海德格尔未能完成这项工作，但是他在哲学层面与动物行为学家们（如雅各布·冯·于克斯屈尔）的研究相互呼应，这表明哲学可以与动物中心主义的动物行为学相互激发、相互印证。

海德格尔试图从非人类中心主义的角度来规定“动物性”的本质，可他为何没有完成这项工作呢？一方面，海德格尔对动物存在的分析还不够全面，只集中探讨动物与世界的关系；另一方面（这一点更为重要），海德格尔从未将规定动物存在的本质看作是一项紧迫的任务。在海德格尔的早期著作中，他探讨动物问题几乎都是为了理解人类此在的独特本质。正是人类此在的优先性限制了海德格尔的思想，而这一局限性影响了后来的列维纳斯、阿甘本和德里达，他们对动物问题的思索也很难超越海德格尔的思想限度。因此，若要重建后海德格尔主义的欧陆哲学，我们就必须对这一局限性提出质疑。

在我看来，海德格尔聚焦于人类此在问题，而相应地忽视了动物问题。然而，人们可能会有许多方式来为他辩护。例如，人们可能会说，如果思想是事件的思想，如果在这样一个事件中动物伦理的复苏有其根源的话，那么，其根源便是复苏人之此在。换言之，只有复苏人之此在，才能反思动物伦理。照此而论，海德格尔对人类此在和本有（Ereignis）的探讨实际上是探讨动物问题的基本前提，是探讨动物的伦理政治实践问题的必要条件。简而言之，人们可能如此看待海德格尔哲学：他的思考为动物（以及其他非人类存在）思想和实践的复苏扫除了障碍——动物思想源于人类此在遭遇其他动物的事件。只有在人的“去己”以及朝向自身的“成己”过程中，换言之，只有成为自身的此在，这种事件才是可能发生的。从这一角度来说，海德格尔对人类此在的关注并不是一种人类中心主义倾向，而是一种此在中心主义（Dasein-centric）和事件中心主义（event-centric）倾向。因此，海德格尔的思想不是一种人类沙文主义，他坚守的是人类此在所特有的绽出（ek-static）结构和事件（event-al）结构。①

---

① 可参见威廉姆·麦克尼（William McNeill）的学术论文《超越有机体的生命：海德格尔弗莱堡大学课程讲座（1929-1930）中的动物存在》（“Life Beyond the Organism: Animal Being in Heidegger's Freiburg Lectures, 1929-1930”），载于《动物他者：伦理学、本体论以及动物生命》（*Animal Others: On Ethics, Ontology, and Animal Life*, ed. H. Peter Steeves, Albany: SUNY Press, 1999），第197-248页。也可参见弗兰克·沙洛（Frank Schalow）的文章《谁为动物辩护？海德格尔与动物福利问题》（“Who Speaks for the Animals? Heidegger and the Question of Animal Welfare”），载于《环境伦理学》（*Environmental Ethics* 22 [2000]），第259-271页；斯图亚特·艾尔登（Stuart Elden）的《海德格尔的动物》（“Heidegger's Animals”），载于《欧陆哲学评论》（*Continental Philosophy Review* 39 [2006]），第273-291页。

上述辩护认为，海德格尔不能被简单地解读为人类沙文主义者，实际上，他的观念还为非人类中心主义的思想方式开辟了道路。我认同这种说法，然而我与这些辩护者之间仍存在许多分歧。在我看来，海德格尔哲学中的人类中心主义倾向比大多数辩护者所料想的更隐微，因此它很难被人察觉，不易引起研究者们的质疑。海德格尔并不认为人类比动物高级，他甚至对这种本体神学论点进行了深入批判。确切来说，海德格尔哲学的人类中心主义倾向体现在他不加批判地接受了本体神学的两个基本原则：其一，人类与动物从本质上可以区分开来；其二，我们需要厘清人类与动物之间的界线。关于第一点，我可以从不同方面对此提出质疑。这正是本书所探讨的主要内容，我尝试在本书中对海德格尔、列维纳斯、阿甘本以及德里达的相关思想进行批判性审视。海德格尔试图从人类“绽出”（“此在”）的角度来划分人类与动物之间的界线，他对两者之间的“深渊般”差异进行了表述，然而这一表述是富有争议、值得怀疑的。继《形而上学的基本概念》之后，海德格尔在其著作中致力于描绘（或重绘）人与动物之界线，他反对一切取消人类与动物之界线的尝试，抵制所有建构人与动物之同质性的努力。在本章的后两节，我会对海德格尔的其他著作进行审视。就总体而言，海德格尔的早期著作在某些方面给人启发，然而它未能超越（或偏离）本体神学传统来阐述动物性思想，因此它又具有某种局限性。本体神学的第二个原则是我们需要厘清人类与动物之间的界线。这一论点主导着海德格尔哲学，使其思想与本体神学传统紧密相连，认为我们需要厘清人与动物之界线，且我们的思想应以此为指导。这种形而上学的基本假定，亟待我们去反思和质疑。无疑，海德格尔深受这种形而上学思想的影响。不仅如此，这种形而上学思想还支配着如此多的话语和体制。以至于在今天，若有人质疑这些假定的正当性，便会遭受他人的嘲笑和斥责。难道人类与动物之间不存在明晰的界线吗？这一点不是不言自明的吗？难道当今以及未来的哲学不必厘清人与动物之间的界线吗？在大多数人看来，这些都不容半点质疑。我在本书中的观点是：当今，没有什么东西是确然无疑的，是否存在一种明晰的方式将人类生命与动物生命区分开来？厘清人与动物之界线是否应该成为未来哲学的一个任务？这些都是开放性的问题，可以提出质疑。只有这样我们才能开启一个批判性空间，只有这样才有可能产生一种真正的非人类中心主义思想。

生成–动物

海德格尔早期著作中对动物和动物性问题的论述反映了他当时的哲学探索和文化关注，即建构一种基本的本体论，重新确立和调整人文科学、生物科学乃至大学的发展方向。海德格尔强调如下两点：第一，人类与动物之间有着本质的不同；第二，有一道深渊将人类存在与动物生命隔离开来。海德格尔探讨动物问题的目的是阐明人类的本质，并在此基础上尝试建构一种更为根本的本体论思想。海德格尔尝试在大学的语境中实现这一本体论思想的建构，在此期间（以及之前和之后）发生了诸多灾难性的政治事件，此处不再赘述详细情节。①众所周知，在这一时期，海德格尔在哲学和政治方面都比较活跃。然而在此之后，他是如何论述“动物性”问题的呢？这是本节所探讨的主要内容。1934 年，海德格尔辞去了弗莱堡大学（the University of Freiburg）校长一职。此后，他与尼采的文本进行了一场漫长的“对话”。在阅读尼采文本的过程中，海德格尔坚持如下两个观点：首先，他不赞成人们从种族主义和生物主义角度来解读尼采思想（在它看来，这种过分简化的解读方式与纳粹主义相关联，海德格尔竭力与这股势力保持距离）；其次，海德格尔指出，从表面看来，尼采思想打破了传统，然而从本质上来说，他的思想仍然被牢牢束缚在西方形而上学思想的牢笼中。

海德格尔指出，尼采的思想带有浓重的形而上学色彩，它使西方的形而上学臻至圆满，并走向终结。如上所言，这

---

① 关于这一主题的文献材料卷帙浩繁，可参见伊恩·汤姆森（Iain Thomson）的文章《海德格尔与大学政治》（“Heidegger and the Politics of the University”），载于《历史哲学杂志》（*Journal of the History of Philosophy* 41［2003］），第 515-542 页。

是海德格尔的第二个论点。实际上，海德格尔通过对这一论点的探讨来达到捍卫第一个论点的目的，即尼采哲学不能从生物学角度来解读。为了抵抗西方形而上学的虚无主义倾向，为了抵制西方伦理学的日渐堕落，尼采在其文本中启用生物学语言，将哲学呈现为对“生命”的肯定和复苏。海德格尔指出，对生物学语言的使用并不是尼采哲学的根本目标，确切说来，生物学语言是处于尼采思想显著位置的一种符号系统。只有穿过这一修辞学表层，深入其本质，我们才能发现尼采与形而上学传统之间的内在关联，才会洞悉两者之间的共谋关系。

到底是什么将尼采与形而上学传统联系在一起呢？海德格尔指出，尼采的“权力意志”概念呈现出他与形而上学传统的内在关联。权力意志是主体性形而上学的典范形式和最终形式——主体性形而上学自建构以来便规定着西方形而上学的演变史。①海德格尔的这一观点颇具争议性，在他的阐释框架中，尼采的“权力意志”概念成了一种“绝对的”、专横的主体性范式，它源自人类动物的“身体”（the human

---

① 海德格尔对尼采“权力意志”概念的解读是否合理？此处因篇幅所限，我不做详细探讨。然而，我须表明自己的观点：海德格尔对尼采“权力意志”概念的解读并不公正。若有人将尼采的“权力意志”概念解读为主体主义，将他对人类沙文主义的批判看作是新人本主义的话，那么他势必故意扭曲和误读了尼采的著作。

animal's "body"），源自"本能和情感"（"drives and affects"）。①与所有后古典的哲学思想相一致，尼采将人类主体规定为理性的动物（animal rationale）。与之前的哲学传统不同的是，哲学传统注重的是"动物理性"中的"理性"因素，而尼采在规定人类"主体"时注重的是其"动物性"和"身体"层面。无疑，这是对形而上学传统的挑战。然而，海德格尔指出，尽管尼采的思想与前人大有不同，但是他的所思所想仍局限在主流形而上学传统的框架之中，即人不过是理性的动物。他重视人类的动物性层面，贬低或批判人类的理性层面，他对理性优于动物性这一传统观念进行了反转，然而这一反转并没有取代其之前的哲学传统，反而加固了传统的指导思想和理论框架。正是在这个意义上，海德格尔认为尼采的思想并非是对形而上学的"超越"，它恰恰标志着形而上学的"完结"。总而言之，传统形而上学将人规定为"理性的动物"，尼采对这一定义进行了反转，然而他并未超越形而上学传统，并未给我们提供一种理解人类的别样方式，这便是海德格尔对尼采哲学的解读。

在我看来，海德格尔的解读有失偏颇，尼采对古典形而上学动物观念的反转要比海德格尔所认识到的复杂得多，且

---

① 马丁·海德格尔：《尼采卷4：虚无主义》，（*Nietzsche*, vol. 4, *Nihilism*, ed. David Farrell Krell, New York: Harper and Row, 1982），第147页。

更具批判性前景。若要取代古典形而上学的人类中心主义偏见，尼采的反转是极为重要的第一步。海德格尔认为，我们可以在主体性概念的规定和演变中发现形而上学的主导线索，他正是在这种框架中来理解尼采哲学的。在他看来，尼采达到了形而上学传统的辉煌顶点。然而如果西方形而上学的线索（或其中一个线索）不仅仅是对主体性的具体确定，而是对人类主体性，或者说对人类中心主义的确定，那么又会怎样呢？如果我们从这一角度来解读海德格尔，那么，他从后形而上学的角度来思考问题的努力从先验层面上便是不成立的，这是因为他未能思考形而上学的人类中心主义根基，未能思考从这一根基而来的主体性概念。如果我们从这一角度来解读尼采，那么他的权力意志概念以及他对形而上学人类中心主义和人类沙文主义的颠覆便不再是形而上学的"完结"，而是对形而上学人类中心主义传统的挑战，是逃离传统的一个出口。

在1942年至1943年的课程讲座中，海格德尔对里尔克的诗歌进行了详尽分析，我们可以通过这个细节来进一步理解尼采的思想。这条路径或许有些迂回，然而却让人受益匪浅。①采取这条路径的原因很简单：首先，海德格尔对里尔

---

① 马丁·海德格尔：《巴门尼德》（*Parmenides*，trans. André Schuwer and Richard Rojcewicz，Bloomington：Indiana University Press，1992），以下简称 *P*。

克诗歌的分析是他最重要的动物文本之一；其二，海德格尔认为，里尔克和尼采的“基本立场”相近，或者说，里尔克的诗歌是尼采哲学的诗意版本（*P*，148）。采取这条路径不仅能够令尼采的思想摆脱海德格尔的解读方式，还能阐明海德格尔哲学中的人类中心主义倾向。与此同时，里尔克对人类沙文主义的颠覆为我们提供了一种别样的方式来思索如下问题：这种颠覆最终仍是一种形而上学立场吗？抑或恰恰相反，它是我们从后人类中心主义角度来思考动物问题的一个机遇？

海德格尔对里尔克和尼采的解读是《巴门尼德》课程讲座的末尾部分。在之前的部分中，海德格尔探讨的是真理概念的发展历程：“真理”在希腊早期的发端——在基督教神学中的拉丁化——在笛卡尔、康德等哲学家那里的现代化过程。海德格尔的叙述脉络强调的是各种真理概念的相继演变过程，这些真理概念彻底地遮蔽了在人类判断和言谈中真理发生的“本质”。海德格尔将真理的本质命名为“敞开”（the open），这一术语关注的是：经由人的揭蔽使存在者之存在去蔽的过程。敞开命名了存在事件发生的“场所”，正是因为这一事件，自古希腊之后就被遗忘的术语“真理”（a-lētheia，去掉遮蔽的意思）复苏了。“敞开”是人类语言和判断的前提条件，也是哲学产生的根基所在。然而在海德格尔看来，西方形而上学传统中的哲学在发展过程中忽视了其本质性的根基，即人类的敞开和去蔽（dis-closive）本性。

海德格尔探讨里尔克是为了将“敞开”这一原初概念与里尔克在《杜伊诺哀歌》(*Duino Elegies*) 中的“敞开”概念区分开来。海德格尔指出，人们通常以为里尔克对“敞开”的思考道出了人类的本质，这些思考看似有诗人的深度，实则不然，它们完全忽视了人类的本质。里尔克是如何描述“敞开”这一概念的?为何海德格尔会如此批判?在《巴门尼德》课程讲座中，海德格尔重点分析了《杜伊诺哀歌》(第八) 中开头的那段著名的话：

> 生物 (the creature) 总是专注于敞开。
> 只有我们的目光已颠倒，
> 将生物团团包围，有如陷阱，
> 围住它们自由的出口。
> 至于那外面的世界如何，
> 我们只能通过动物的面貌来获知……
>
> (里尔克，*P*，153)

海德格尔指出，这段诗歌中有两处地方失之偏颇。首先，里尔克将“敞开”概念与“是什么”“存在者”等同起来。海德格尔的“敞开”概念则不然，在他这里，“敞开”致力于将存在 (being) 与存在者 (beings) 区分开来，致力于让我们回忆起使人类存在事件之可能的诸多条件。其次，里尔克的“敞开”归属于“动物”(或“生物”)，而不归属于“人类”。海德格尔的“敞开”概念则不然，他将“敞开”的空间以及由之所产生的一切（如历史、存在、语言、真理等）都归人类所有。在海德格尔看来，不论是里尔克的“敞开”概念，还是里尔克所建构的动物与“是什么”之间的优先关系都是一种生物主义（和心理学）的形而上学，它建立在对“存在之彻底遗忘”（*P*，152）的基础上。正是因为这种遗忘使得现代形而上学以及里尔克对“存在的所有法则”（*P*，152）一无所知。在“存在的所有法则”中，最为基本的是存在者的“无蔽”（unconcealment）与人类“去蔽”（dis-closive）能力之间错综复杂的关系。里尔克认为动物比人类优先通达“是什么”，这说明他彻底误解了存在与存在者之间的关系。而只有依靠在敞开中绽出（ek-sist in the open）的人类，这一关系才能够出现和复苏。海德格尔认为，里尔克混淆了人与动物的本质，这种观点造成了极为怪诞的结果：“生物”（即动物）的人化以及人的动物化（*P*，152）。

如上文所述，在海德格尔看来，西方形而上学的发展史即是人类主体性概念的变迁史，其中，人被规定为“理性的动物”。在这一框架中，我们会更深入地理解海德格尔所说的“动物的人化以及人的动物化”。里尔克认为，与人类相比，动物更能通达“是什么”，这一观点颠倒了人类沙文主义对人与动物的传统规定。传统形而上学认为，人类的理性是获得真知的唯一来源。然而在《杜伊诺哀歌》中，里尔克认为人类的理性和意识在通达“是什么”方面是有缺陷的。换言之，人类的知识可以反映和规划“是什么”，但却无法以一种直接（无中介）的方式洞悉“敞开”——只有动物才具备这种能力。正是在这个意义上，在里尔克的哀歌中，非（无）理性的动物比西方形而上学中的理性人类动物优越得多。动物呈现出人的特质，获得了人的特权，成为可以通达“是什么”的存在。与此同时，人类却处在动物的位置上，它的等级较低，永远也不能获得“是什么”的真知。里尔克诗歌中的反转和颠倒在海德格尔看来是怪诞的。海德格尔指出，里尔克看似对传统进行了彻底的颠覆，其实他的思想仍植根于这一形而上学传统。换句话说，同尼采一样，里尔克的诗歌并没有为我们开创一种后形而上学的思维方式，它也只不过是形而上学“完结”的表征而已。

里尔克颠覆了传统形而上学的动物观，在海德格尔看来，里尔克对人类知识论之特权的颠覆仍然局限在形而上学的框架中。海德格尔的目的不仅仅是复苏人类之本质（在之前的西方形而上学传统中，人类的本质被遮蔽了），他还强调，里尔克的颠覆并未真正地揭示动物性的独特本质。“动物是没有逻各斯（或理性）的存在”，不论人们赋予其肯定价值还是否定价值，都不会促进我们对动物之独特存在的理解。即使里尔克和尼采认为动物的“无理性”“无法言说”等特征具有肯定价值，这些特征也只不过是人之专有特征的对立面而已。海德格尔认为，里尔克、尼采的形而上学思想指出了动物的“缺乏”（lack），却极少明确指出动物之所是，极少讨论动物与其他存在者之间的差异。正是在这个意义上，海德格尔指出，里尔克和尼采并未留意动物的“神秘”和“谜样特性”，并最终导致“动物的人化以及人的动物化”。

许多研究者用这一点来为海德格尔辩护，他们一致认为，海德格尔思考动物性的方式突破了人类中心主义倾向，显示出对动物他异性的尊重。如我在上文中所言，我并不认同这类辩护。海德格尔哲学并未对人类中心主义的形而上学传统发起有力攻击，它并没有发挥其拥护者所认为的那种效力。不可否认，海德格尔的动物思想有极其重要的借鉴价值，例如，他指出，从人类中心的角度来思考动物，简化了动物生命，因为这种评价方式都以人类特征为依据，从而衡量动物是否拥有这类特征。可以说，海德格尔的这一观念与传统相背离，展现出他对人类中心主义的质疑。然而，问题的症结在于海德格尔无法坚持以一种非人类中心主义的方式来审慎地思索动物。他的动物话语时常会落入人类中心主义的框架中，即将动物与他所认为的人类独特能力进行对比，从而对动物做出评价。海德格尔这样做是想突出人类与动物之间的差异，他指出，我们通常所注意到的人类与动物之间的相似性只是表面现象而已，它们之间有着本质的不同。海德格尔既不赞成这种比较的评价逻辑，也不赞成在人类与动物之间寻找某种相似性。他在人类与动物之间绘制了更为明晰的界线。如上文所言，海德格尔谈到，在人类与动物之间存在一个不可逾越的本质“深渊”。那么，海德格尔思想的拥护者们该如何阐释如下问题：人类和动物之间的明晰界线以及“深渊般差异”是怎样质疑人类中心主义传统的？海德格尔的这一思想难道不是仅仅复述了人类中心主义逻辑中的一个主流观念（即人类与动物在本质上截然不同）吗？难道他不是进一步加固了人类中心主义逻辑吗？与此同时，如上文所言，海德格尔强调科学与哲学之间的“相互合作”，然而我们如何才能使海德格尔的动物观念与最新的科学研究、发展趋向保持一致呢？海德格尔在探讨人与动物之界线时引证了科学实例，那么他的思想是否相应地为科学、哲学、伦理政治学等提供了更牢靠、更有效的指引呢？我们要对此深信不疑吗？当前进化论以及相关的科学、人文学科领域对人与动物之区别的思考不仅仅是常规科学（库恩意义上）的副产品，也是过去一个世纪里生物科学遭遇和应对危机的结果。一旦我们认识到这一点，便会发现海德格尔思考动物问题的方式越来越值得怀疑。如果有某种科学被迫反思其根基，那么这必定是生物科学。也许科学毕竟还是会反思。

海德格尔在《巴门尼德》的课程讲座中还存在两个问题。其中，第一个问题是，里尔克和尼采对形而上学人类中心主义的颠覆会产生怎样的伦理政治效应？第二个问题则与海德格尔的本体论承诺（ontological commitments）有关。关于第一点，怎样做才算是对人类中心主义思想形成了挑战呢？海德格尔并未对此进行论证，此外，他也没有关注诗歌、艺术等在挑战人类中心主义思想方面所可能发挥的作用。近年来，几乎所有的解放和革命运动（突破人类中心主义的运动亦在此列之中）最初可能会显示出这样一种姿态，即从等级上颠覆诸多二元区分。一类存在者（如动物）在相当长的一段时间里被人们所贬低或者低估，我们应如何在概念和制度上打破这种偏见？方式少之又少，其中一个通用的是：从等级上颠倒二元区分，赋予被贬低的群体更高的价值，相应地，贬低二元区分中的另一项。这种“策略性本质主义”（strategic essentialism）的缺陷是众所周知的。然而，这些策略性反转也有其积极的一面。上文中我们已经说到，长久以来，某一特定群体的等级地位低下，这种观念已根深蒂固。而策略性反转可以挑战这些观念的不言自明性，使人们关注这类被贬低、被忽视的群体。以动物为例，里尔克与尼采认为，与人类相比，动物的经验和认识论更加优越。这一观点略显荒诞，从许多层面上来讲都是站不住脚的，然而它却引人深思，使人们反思以往审视动物的方式：或许我们误解了动物的经验，长久以来一直用一种简化的新笛卡尔主义视角来看待动物。海德格尔认为，里尔克和尼采在某些方面将动物人化了，他们的做法失之偏颇。我们赞同海德格尔的观点。若从一种真正的非人类中心主义视角来看，里尔克和尼采的观点是有局限性的，我们须注意的是，海德格尔并不是从非人类中心主义视角对里尔克和尼采展开批评。他这样做是出于一种深深的焦虑——焦虑于人与动物之界线遭人僭越，日渐模糊；他这样做是出于一种深切的愿望——希冀能挽救人类此在专有的独特本质和关系结构。海德格尔声称要尊重动物生命的他异性，然而这只是空口承诺。他从未表现出对动物问题的持久关注，从未对“动物存在”进行过严密的界定，更从未探讨过重新认识“动物性”问题在伦理政治方面的意义。在海德格尔的文本中，“动物”和“动物性”只是作为理解人类本质的陪衬出现，而从未被从它们自身的角度作为概念和生命形式来理解。从这个角度来说，海德格尔的思想同样失之偏颇。

除此之外，在海德格尔对里尔克（以及尼采和生物科学）的解读中，还有一个方面是经不起推敲的，即海德格尔话语中潜在的本体论承诺，特别是他的本质主义倾向。海德格尔的本质主义不同于传统哲学中的本质主义，也不同于当代身份政治意义上的本质主义。然而，他同这些本质主义共有着一种语义的、本体论的实在论观念，即应在不同的存在者之间划分明晰的界线。此外，海德格尔对各种存在者进行本体论规定（特别是他描绘人与动物之界线）时所使用的论据是什么？是现象学方面的论据吗？还是实证方面的？抑或是其他？对此我们很难断定。在《形而上学的基本概念》中，海德格尔强调思考应与科学相互合作，然而并无相关的科学论据来证明这些本体论假设的合理性——这些本体论假设主导着海德格尔的思想。

总体说来，海德格尔对动物性的论述与其说是同生物科学“共同合作”，不如说其论述显示出哲学家对当代科学、文学以及政治等领域中人与动物之界线的模糊感到忧虑。这种忧虑在《巴门尼德》的结尾部分，海德格尔解读里尔克的诗歌时安插的一个脚注中特别明显。如上文所引，里尔克在《杜伊诺哀歌》中选用了“creature”（生物）这一措辞指代非人类的动物。海德格尔对此进行了评注，认为里尔克在这里颠覆了人与动物之区别。同时，海德格尔还发问道：“在里尔克看来，‘意识’、理性和逻各斯恰是人类的局限性所在，也是人类弱于动物的原因。照此说来，我们就应该变成‘动物’吗？”（*P*，154，注释 1）即便里尔克的诗歌中有这层含义（这一点值得怀疑），我们也不禁要问，这种人类“生成-动物”可能有什么问题？如果人类由于某种原因生成动物，并将其“更高”的能力遗忘，那么会失去什么？海德格尔认为，我们必须庄严且虔诚地守护着人类的本质以及由之产生的独特能力。这一点岂不是更加证明了海德格尔话语中的人类中心主义倾向吗？

海德格尔忧心忡忡，虔诚地守护着人的正当性（human propriety）。我们可以借助尼采的文字批判性地审视这一思想，在《非道德意义上的真理和谎言》（1873 年）一文的开篇部分，尼采写道：

茫茫宇宙中散布着无数闪闪发光的太阳系，在其中某个偏僻的角落里，曾经有一个星球，星球上聪颖的动物发明了知识。这是“世界历史”最傲慢、最虚假的时刻，然而这一时刻一弹指顷、转瞬即逝。在自然深吸了几口气之后，星球开始变冷，这种聪颖的动物也不得不死去。

我们也许会编出这样一个寓言，然而这并未充分说明，在自然中人类的智力是多么的可怜、虚幻和轻狂。人类智力存在之前是永恒，人类智力消失之后还是永恒，一切都如没有发生过一样。这种智力除了服务于人类生活以外没有其他的使命。确切来说，它是人类性的，只有它的主人和创造者才将它看得如此重要，**就好像世界在围着它转动似的**。①

在这段文字中，尼采清晰地表现出他对人类中心主义和人类沙文主义的批判立场，这与里尔克诗歌中的观念极为相似。与此形成鲜明对比的是，海德格尔却未在其文本中表现

① 弗里德里希·尼采：《非道德意义上的真理和谎言》（“On Truth and Lie in an Extra-Moral Sense”），载于《尼采文选》（*The Portable Nietzsche*, ed. Walter Kaufmann, New York: Viking Press, 1968），第42页，粗体字为笔者另加，表示强调。

出对人类中心主义的批判姿态。确切说来，他承袭了传统形而上学的思想框架，致力于揭示人类本质，并将其与动物生命区别开来。海德格尔认为，里尔克和尼采对“动物性”问题的论述具有局限性：他们赋予无理性以优越性，使之高于人类的理性、语言和意识，从本质上说来，他们对人与动物之区别的颠覆仍然带有形而上学色彩。然而，海德格尔的解读并未捕捉到里尔克和尼采思想的精髓，他的目标一向是探索人之为人的专有特征。我们只有放弃（至少是悬置）这一目标，才能把握他们的核心思想。我们要突破海德格尔的视角，重新审视里尔克、尼采等思想家的观点：他们质疑形而上学的人类中心主义倾向，尝试从人类之外的角度（other-than-human perspectives）来思考问题。这些思想家置换了人类的特权，批判了人类中心主义倾向，然而这些都不是最终目的（海德格尔似乎这样认为），它们涉及一系列更为宏大的命题，如思想的延展、人类以及非人类生存的可能性。

我们是否可以超越人类中心主义认识论呢？我们真的可以用一种非人的视角来思考问题吗？尼采在《快乐的科学》（*The Gay Science*）第5卷名为《我们的新“无限”》一节中探讨了这些问题。在这一小节中，尼采认为，我们无法完全超越人类中心主义的认识论而从非人的视角来思考问题。他如是说道：“我们栖居一角，无法兼顾四周。如果有人想知道其他的思维方式和视角，那么这只是一种无望的好奇心罢了。”①这句话的意思是，人类永远都不可能彻底从非人类视角来思考问题。尼采承认这种不可能性，然而这并不意味着他认同形而上学人类中心主义的观念，即人类的视角是唯一可能的视角。与此相反，尼采认为这一观念是极为草率的，它暴露出人类的武断和傲慢。他写道：

> 荒谬的傲慢指的是从我们的立场出发，命令他人只能从我们的立场来看待问题。我认为，最起码现在我们还未如此不堪。我们无法拒绝如下可能性，即世界有可能包涵无限可阐释的空间。因此，对我们来说，世界重新变得“无限大”了。我们再次感到恐慌，浑身战栗。②

尼采看到了人类知识的视角主义特征，从而也意识到人类中心主义的局限性和终结（不管是在认识论方面还是本体论方面）。这开启了一道深渊，尼采用“战栗”一词来形容人们瞥见这道深渊后的感受。他在《权力意志》一书中指出，人类虚无主义的最终原因是无法思考和承受这种因认识

---

① 弗里德里希·尼采：《快乐的科学》（*The Gay Science*, trans. Walter Kaufmann, New York: Vintage, 1974），第374页。

② 同上。

到自身局限性而产生的战栗。人类中心主义的傲慢与“十足的幼稚性”是诸多价值观破产崩溃的原因。①在海德格尔看来，尼采的“权力意志”概念使现代主体性的形而上学臻于完善。然而事实远非如此，尼采的思想向人们清晰地指出人本主义形而上学范式的局限性。不同于海德格尔，尼采明确认识到了人本主义、人类中心主义与虚无主义之间的关联。他认为，如若要质疑这一概念体系和制度网络，最佳途径就是实现对人的“超越”（overcoming）。

如若要实现对人的“超越”就必须要对人类沙文主义进行形而上学式的反转，必须使人类向动物生成（“becoming-animal” of the human）。在尼采思想的指引下，吉尔·德勒兹（Gilles Deleuze）和菲利克斯·加塔利（Félix Guattari）不仅扩充了多种有关动物的文学和诗歌话语，还详细阐述了“生成-动物”的思想。在他们看来，要取代形而上学的人本主义与人类中心主义，“生成-动物”是不可或缺的。他们在“生成-动物”的基础上提出了“生成-难以感知者”（becoming-imperceptible）概念，与“成为-可感知者”（being-perceptible）概念形成鲜明对照。“成为-可感知者”是一种以人类主体性为根基的本体论和认识论立场，而“生

① 弗里德里希·尼采：《权力意志》（*The Will to Power*, trans. Walter Kaufmann and R. J. Hollingdale, New York: Vintage, 1967），第12-14页。

成-难以感知者”则指的是非人类他者的多样视角。他们指出，只有从非人类的角度来思考问题，才能对人类中心主义进行有力的批判。值得注意的是，尼采、德勒兹和加塔利并不认为“生成-动物”就必须真的成为动物。“生成-动物”和质疑人类中心主义并不是对动物的模仿，也不是与动物等同（海德格尔认为里尔克和尼采持这种观点）。相反，它是一种转换，因接触到非人类的视角而发生的转换。因此，如果从存在者之间（通常是人类和动物之间）共生（symbiosis）、情动（affect）、结盟（alliance）、触染（contagion）等角度来理解“生成-动物”的话，可能会更好地把握该概念的内涵。

然而，要想让“生成-动物”成为一次真正的转换，人们便不能从熟悉的、拟人化的术语来探讨动物。德勒兹和加塔利认为，我们大体有三种理解动物的方式，前两种都带有拟人色彩，而第三种则搅乱了人类的概念构想：第一种是“俄狄浦斯的动物”（Oedipal animals），它是我们所熟知的个体化动物，并“属于”我们；第二种是“国家的动物”（state animals），它是具有某些特征的存在者，为了揭示其“结构”和“模式”，我们须研究这些特征；第三种是“恶魔般”或“集群”的动物（“demonic” or “pack” animals），它们被卷入一个机械生成（machinic becomings）的网络中，削弱了一切分类模式或俄狄浦斯架构。① 德勒兹和加塔利指出，这三种探讨动物的不同方式可以运用在任何动物身上，即使是那些我们看似最为熟知的动物——“即便是猫、狗”。德勒兹和加塔利对“恶魔般”的动物产生了浓厚的兴趣，因为它们为“生成”提供了视角和可能性。它们取代了主流的人类主体性范式，使人类向存在的混杂模式（hybrid modes of existence）敞开。恶魔般的动物并不固定在任何“真正的”或本质的场所，它们始终居于转换性的生成中，抹去了一切“正当性”（propriety）。人类通过进入这一生成之流中而“生成-动物”，可以说，他们开辟出一条“逃逸线”，即脱离人类的主体性和人类视角，“生成-不可感知者”。

这里的问题是，使人类与恶魔般的动物聚合在一起的动力是什么呢？德勒兹和加塔利指出，“生成-动物”中的动物和其他非人类视角具有一种“魔力”（fascination），正是这种魔力激励了动物方面的革新著作和话语。从这个角度来说，里尔克和尼采等思想家（此外，德勒兹和加塔利认为卡

① 德勒兹、加塔利：《千高原：资本主义与精神分裂》（*A Thousand Plateaus: Capitalism and Schizophrenia*, trans. Brian Massumi, Minneapolis: University of Minnesota Press, 1987），第240-241页。

夫卡也非常重要)[1] 的动物性话语并不是一种形而上学式的简单反转，也不是在呼吁人类向“无理性”发展。相反，他们批判了人类中心主义以及人类沙文主义，彰显出动物性的优越性。他们的批判表明了“外部之物”（或非人类视角、非主流观点）的魔力，这里的“外部之物”有可能就是人类的一部分，例如，在所谓人类深处的非人性空间。在海德格尔看来，里尔克和尼采的思想仅仅是他们之前的形而上学传统的顶点。然而从德勒兹和加塔利的角度来看，里尔克和尼采的思想是一个路标，指引人们从后人类中心主义和超人本主义的角度来思索问题。

从形而上学的人本主义到形而上学的人类中心主义

里尔克、尼采等对形而上学式的人与动物之区别进行了颠覆，海德格尔对此进行了批判。在他所有的批评性言论中，有一点是十分明确的，即海德格尔注意到了形而上学传统与人类中心主义之间的内在联系——这一关联也是本节所要讨论的焦点。海德格尔在多部著作中强调，形而上学思想

---

① 德勒兹和加塔利在《卡夫卡：走向少数民族文学》(*Kafka: Toward a Minor Literature*, trans. Dana Polan, Minneapolis: University of Minnesota Press, 1986) 一书中探讨了卡夫卡与“生成-动物”的问题。

的基本特征是以人类主体性（并非人类中心主义）的形式来建构一种独特的主体性观念。然而，他也认识到，探讨“主体性”概念的演变实际上就是集中探讨人的主体性问题。他指出，柏拉图确立了真理、存在以及主体性等诸多概念，这奠定了形而上学的根基，同时也意味着人类中心主义的确立。在苏格拉底和柏拉图那里，不仅仅是真理的本质发生了转变，且哲学的根基也发生了转变，自此，哲学带有一种不加掩饰的人类中心主义倾向。

海德格尔在《柏拉图的真理学说》一文中指出，形而上学的确立与人类中心主义的确立几乎是同时发生的。他说道：“在柏拉图的思想中，形而上学的开端同时也是‘人本主义’的开端。”①在该文章中，海德格尔从广义层面上分析了人本主义与人类主体性以及更为普遍的人类中心主义之间的密切关联，这与他在《关于人本主义的书信》中对“人本主义”的探讨有所不同，我将在下文中对此展开详细论述。海德格尔告诉我们，在柏拉图那里，形而上学以及人本主义同时被确立了，而这一共同确立在哲学的发展过程可以描述为：“将人类移至存在者之中心位置”的过

① 马丁·海德格尔：《柏拉图的真理学说》（“Plato's Doctrine of Truth”），载于《路标》（*Pathmarks*, ed. William McNeill, Cambridge: Cambridge University Press, 1998），第 181 页。

程。①在这一形而上学规划中最要紧的是：塑造人类的道德行为，唤醒其理性，培养其公民意识，从而将其带向（引至）他们的天命。在这一框架中，人们所强调的焦点各有不同，这取决于他们所探讨的是哪一种人本主义——罗马时期的人本主义不同于基督教时期的人本主义，就像马克思主义者所探讨的人本主义不同于存在主义者所强调的人本主义。尽管如此，一切人本主义都有一个共通点："从形而上学角度来说，每一种人本主义都以人类为中心——不管是从较为狭窄的轨道上还是在较为宽广的轨道上，它都要围绕着人类旋转。"②

海德格尔在《关于人本主义的书信》一文中对形而上学人本主义进行了详尽论述，这篇文章引起了广泛的争论。海德格尔既已对形而上学人本主义展开了批判，人们可能会想，他接下来势必会对人类中心主义及其影响进行彻底清算。然而，在此文中海德格尔似乎完全放弃了对人类中心主义的批判。

熟知《关于人本主义的书信》的读者都知道，海德格尔将"人性"（humanitas）概念追溯至罗马共和国时代。在这一时期，人性的人（homo humanus）是与野蛮的人（homo barbarus）相对立的。海德格尔指出，"homo humanus"一词

---

① 马丁·海德格尔：《柏拉图的真理学说》，第181页。

② 同上。

是对罗马人的称呼，体现了希腊化时期希腊人的“paideia”(教化）观念。罗马人将希腊词“paideia”译为“humanitas”，意指“优良德行方面的学识和培养”。此后出现了各种版本的“humanism”：文艺复兴时期的人文主义、18世纪德国人道主义（代表人物是歌德、温克尔曼和席勒）、马克思主义者的人本主义（或人道主义），以及萨特的人本主义（或人道主义）。这些“humanism”在体现humanitas的方式上有着显著的不同。然而，海德格尔指出，所有的人本主义实际上都有一个共同的核心。如上文所述，在《柏拉图的真理学说》中，海德格尔指出，“从形而上学角度来说，每一种人本主义以人类为中心”。然而，在《关于人本主义的书信》中，他又认为人本主义的核心是对存在的某一规定。在他看来，人本主义是从某角度对“人”进行规定的尝试，这些角度源自人们“对自然、历史、世界、世界之根基以及存在者整体的既定阐释”。①海德格尔指出，正是人们对存在者之存在的既定阐释使此前所有的人本主义都具有形而上学的特质。形而上学和人本主义都追问的是存在的真理问题（存在的真理即是使存在显示自身的诸条件），因此海德格尔意图

---

① 马丁·海德格尔：《关于人本主义的书信》（“Letter on ‘Humanism’”），载于《路标》（*Pathmarks*, ed. William McNeill, Cambridge: Cambridge University Press, 1998），第245页，下文中简称*LH*。

要揭示这两者共同的根基。在《柏拉图的真理学说》一文中，海德格尔明确提到了形而上学传统中的人类中心主义问题，然而在后来的《关于人本主义的书信》中，他将人类中心主义的问题搁置一旁，带有僵化的教条主义色彩。

海德格尔在《巴门尼德》的课程讲座中指出，传统人本主义就人的存在问题提出了一个非常有影响力的解释，人被预设为理性的动物（animal rationale）。海德格尔认为这一规定在某些方面来讲失之偏颇。首先，希腊人将人定义为“zōon logon echon”，即拥有话语或语言的动物。animal rationale 不仅是对 zōon logon echon 的拉丁文翻译，而且也是对这一规定的形而上学解释。在这一解释中，用 ratio 来取代 logos 是有问题的。在海德格尔看来，ratio 与 logos 分别表示两种不同的“能力”。不仅如此，它们与存在者之存在的关联也截然不同。ratio 有多种含义，如理性、原理之能力或范畴之能力等。与希腊词 logos 相比，ratio 假定了存在者之存在的某种预设性阐释，因此，它遮蔽了存在的真理问题，即存在是如何赋予人类的？存在和人类存在者的基本共同归属是什么？此外，海德格尔认为，拉丁文 animal rationale 中的 animal 也是有问题的，人本主义惯于用“动物性之存在”的预设概念来阐释该词。总之，在《关于人本主义的书信》中，海德格尔批判了人本主义的形而上学色彩，他着重分析的是人本主义和形而上学的局限性以及它们所共有的根基。

海德格尔指出，除了要阐明人本主义与形而上学所共有的根基之外，我们还须认识到一点，即在“人是理性的动物”这一定义中，形而上学将人性与动物性混淆了。这一点至关重要，海德格尔在《关于人本主义的书信》中对此进行了详尽论述。他指出，形而上学的错误在于它没有就理性和动物性概念而提出存在问题，除此之外，它总是从动物性出发来思索人，而不是从人性出发。这显然不是揭示人之本质的最佳途径，他如此反问道：“终究我们还是要问一句：人的本质究竟是否原初地、最为明确地包含在动物性的维度之中”（*LH*, 246）？我们应该从生命角度来思考人吗？要把人当作其他生物（用海德格尔的话说就是“植物、野兽和上帝”）中的一员吗？生物主义就是这么做的，这种方法自然也道出了人类的许多重要特质。然而，它终究不能揭示人的本质，这便是海德格尔与生物主义保持距离的原因。在他看来，一旦将人类安置在其他生物一旁，人之本质也就消弭在动物性的领域中。形而上学人本主义认为，人与动物之间是不同的，因为人具有一些本质属性（如精神、灵魂、主体性或人格等）。然而这种思维方式仍然无法捕捉人的本质。从动物性的领域出发来分析人，给人附加上灵魂或思想，从而认为人本质上不同于动物，这样的方式仍然没有思考人之人性（*LH*, 246-247）。

德里达在《人的终结》一文中指出，海德格尔意识到形而上学人本主义探讨人的方式没有把握人真正的本质和尊严。①人的本质就包含在其绽出（ek-sistence）之中，人恰恰是在绽出之中才发现其尊严和正当性。海德格尔不仅要恢复人的本质和尊严，还尝试将人之本质与其他“生物”（尤其是动物）的本质区分开来。在《关于人本主义的书信》中，海德格尔再三强调，绽出是人类的特征，仅属于人类所有。他写道：“此种于存在之澄明中的站立（in the clearing of being），即是人的绽出之生存。这种存在方式为人所专有”（*LH*, 247）。隔了一个句子以后，海德格尔又强调只有人才具有绽出之生存的特征：“只有在人之本质方面才可以谈及绽出之生存，也就是说，只有以人的‘存在’方式来谈及它。因为就我们的经验来看，只有人类（der Mensch alleinist）被允许进入绽出之生存的命运”（*LH*, 247）。海德格尔为何一再强调绽出之生存是人的专属？一方面，他意在表明，形而上学忽视了绽出之生存这一人的本质；另一方面，他还致力于将人类的正当性（即属于人类的特征）与那些本质上不属于人类的特征区分开来。对他来说，动物性不属于人所专有的本质。“人是理性的动物”这一形而上学式的定义模糊了人与动物之间的本质区别，这便是海德格尔在《关于人本主义的书信》中批判这一定义的又一原因。

---

① 雅克·德里达：《人的终结》（“The Ends of Man”），载于《哲学的边缘》（*Margins of Philosophy*, trans. Alan Bass, Chicago: University of Chicago Press, 1982），第 128 页。

因此，在我看来，海德格尔对人类本质和尊严的恢复一方面将人带入对人与存在之关系的思考中，另一方面也根据“人与存在的关系”将人的本质与动物的本质区别开来。

随后，海德格尔转向对“缘身性”（embodiment）的探讨，这进一步证实了我的观点（*LH*, 247）。诚然，人的身体在很多方面都与其他生物（尤其是动物）相似，正是这种相似使我们惯于从动物性的角度来理解人的存在问题。但就其本质而言，“人的身体从根本上不同于动物机体”（*LH*, 247）。生理学将人的身体作为一个动物的机体来研究，它甚至可以为我们呈现一些有趣的事实，可能对我们有所帮助。然而在海德格尔看来，这种方法并不能恰当地解释人的本质。要阐明人的本质，必须从人的绽出之生存这一角度来审视人。在海德格尔看来，人与周围非人类实存之间的身体性关联有其独特的方式，在本质上说来，这与非人类和其他实存之间的关联是不同的。这是因为人在“世界”中活动，他能够通达存在者之存在。对人来说，最不可缺少的是绽出之生存，即人“立于存在之澄明”中。只有从这一必要的（以及本质的）根基出发，我们才能够恰当地理解人的身体。

海德格尔用“ek-sistence”这一术语来强调此在之存在的“绽出”（ecstatic）性质，同样，他也力求避免“existentia”一词中所担负的形而上学含义。该词与“essentia”一词相呼应，前者象征着“现实性”，后者象征着“可能性”。中世纪的哲学家康德、黑格尔和尼采等都曾对“existentia”

一词进行过阐释，然而这些阐释都带有形而上学色彩，未能准确地描绘人之存在的特征。在这种情况下，海德格尔用“ek-sistence”这一术语表示自己与这些形而上学的阐释保持距离。“existentia”这一概念是否精确描绘了除人类之外的存在者之存在呢？海德格尔认为这是一个悬而未决的问题。他十分确定的一点是，生物（他选取的例子是植物和动物，关于非生物，他选取的例子是石头）不同于人，它们不会“绽出之生存”。此时，我们可以更为清晰地看到《关于人本主义的书信》中所探讨的重要论点。如果说绽出之生存是专属于人的特征，那么除了人类之外，其他存在都不可能拥有这一特征，尤其是那些与我们最为接近的存在者。在这里，海德格尔的本质主义逻辑一览无遗，他旨在彻底切割那些混淆不清的杂质，使人与动物明确区分开来：

> 生物如其所是地存在，它们并没有站立在其存在之外，没有立于真理之中，也没有从这一站立中保存其存在的本质属性。在所有的存在者中，最难于思考的大概是生物（Lebe-wesen），因为一方面它们以某种方式与我们最为接近（在稍后的几行，海德格尔提到了我们“与野兽之间那极深的身体亲缘关系”），同时另一方面它们与我们的绽出之生存又隔有一道深渊。
>
> （*LH*，248）

最终，“生物”与“我们”不同，而且两者之间有着本质的差异，以至有一道鸿沟。海德格尔用“深渊”一词来形容这道鸿沟的不可逾越。他不止一次地强调，绽出之生存的人与仅仅活着的生物之间有一道深渊。①他为何频繁使用“深渊”和“本质区别”等略显夸张的修辞呢？

从文本的表面看来，至少有一点是十分明确的，即海德格尔认为，传统人本主义对人之存在的规定都带有形而上学倾向，他希望能与这些形而上学的规定保持距离。人本主义想当然地认为“人是理性的动物”这一定义是正确的，然而海德格尔认为这一规定带有形而上学色彩。因此，他反对这种形而上学的人本主义，他尝试从一种非形而上学的基础来思考人，从存在的真理问题来思考人。反对人本主义不只是倡导某些反人本主义形式而已，它的目的是建构一种更为严谨的人本主义，用戴维·克雷尔（David Krell）的话来说即是建构一种“超人本主义”：

> 人本主义中对人之本质的最高规定仍没有认识到人真正的尊严。就此而言，《存在与时间》中的思想是反对人本主义的。然而这种反对并不意味着反人本而拥护非人性，并不意味着贬低人的尊严。反对人本主义恰是

---

① 海德格尔在《形而上学的基本概念》中也多次提到这一点，参见第264页。

因为人本主义把人之人性放得不够高。

（*LH*，251）

值得注意的是，在接下来的文字中，海德格尔强调，我们不应将人之人性、人与语言的关系、人与存在之真理的独特看作是人对存在的主宰和暴政——人意欲“将存在者之存在消融到被过分吹捧了的‘客体性’中”（*LH*，252）。他指出，人之人性的恢复意味着人回忆起人基本的有限性，意味着人被存在“抛入”存在的真理中，在这里，人是存在之真理的照看者和守护者。

海德格尔的人本主义思想可以算作是一种“超人本主义”，然而因为它建立在人的有限性基础上，且探讨的是存在问题，所以它不是简单意义上的人类中心主义。如果此处只是探讨海德格尔思想的某些次要方面，那么我会毫不犹豫地赞成他对形而上学人类中心主义的批判。然而，当海德格尔提到对人的特有存在方式的判断时，对其思想的所有信奉都须被约束，并遭受质疑。即使对“正当性”进行最低限度的规定，这也预设了划定和区分。海德格尔将人的本质规定为“绽出之生存”，这种规定含混不清、令人费解（在这里，正当性与不正当性紧密纠缠在一起，无论哪一方都不占据优势）。即便如此，我们仍要对“界线的绘制”始终保持警惕。海德格尔对人的非形而上学式规定非常宽泛，以至于看似不存在“排除”（exclusion）的问题。传统划界通常按照性别、种族、阶级等特征将某一人类群体与其他人类群体区分开来，“绽出之生存”不会按照传统的划界方式对人进行不平等地区分。可以说，“绽出之生存”早于这些区分。然而，它的确在人与动物之间制定了一个值得怀疑的界线，同时，它本身也根据这一界线得以创立。从动物问题角度来理解海德格尔的思想，可以使我们揭示这一对立区分，可以追溯海德格尔运用“深渊”和“本质区别”等修辞时所依据的准则。

如若进一步探究这一思想，我们会发现，海德格尔在《关于人本主义的书信》中探讨语言问题的时候再次提到了人与动物之间的分界线。海德格尔对“人是理性的动物”这一形而上学定义表示怀疑，他转向了古希腊人对人的定义，即“zōon logon echon”（人是拥有语言的动物）这一更加原初的理解。形而上学的人本主义将逻各斯（logos）理解为理性（ratio），忽视了语言在“人之是”（being-human）过程中所发挥的作用。我在上文中提到，对海德格尔来说，“理性的动物”不只是“zōon logon echon”的翻译，同时也是一种形而上学式的解释，原因就在此。在“理性的动物”这一定义中，毫无根基的理性之经验替代了更为原初的言语经验。然而，向古希腊定义的简单回归是远远不够的，这是因为我们会误解“拥有语言的动物”的含义：我们可能会认为语言源于人的动物性存在，或者它仅仅是人的动物性存在的补充而已。海德格尔指出，为了理解人与语言的独特关系，我们必须从人的人性出发（而不能从人的动物性出发）来思考相关问题，因为严格说来，动物没有语言。

在海德格尔看来，人与语言之间有着一种独特的关系，而动物无法建立这一层关系，这是因为它们没有“世界”（world）。这里的“世界”并不仅仅指“自然”或者“环境”，它指的是存在者之存在解蔽的空间。因此，“世界”的前提是绽出之生存的能力，站立于存在之澄明中（存在到场、离场）的能力，而只有人才可能具有这种能力。植物和动物不能在存在之澄明中绽出自身，它们只是在其环境中“活着”（live）。“植物和动物被束缚在它们各自的环境之中，它们没有被自由地放置于存在之澄明中，只有存在之澄明才是‘世界’，植物和动物没有语言”（*LH*，248）。在这段话中，海德格尔并不认为植物和动物不能与它们之外的存在者接触。在《形而上学的基本概念》一书中，他已对此做了清晰地阐释。准确来说，他的意思是：植物或动物不能在它们的存在中与其他实存接触，换言之，它们不能像拥有语言和世界的人类那样与其他存在者接触。语言一方面使人与其周围的环境保持距离，另一方面又将人带入存在的切近（proximity with Being）中。与此同时，植物和动物没有语言，它们只能束缚在各自的环境中，“仅仅”活着，而无法通达其他存在者之存在，也无法通达自身之存在。

因此，对人的本质进行带有形而上学色彩的动物性角度解释，遮蔽了存在与语言的亲近关系，就像它忽略了人的

“绽出之生存”本质一样。海德格尔认为，语言的本质乃是“存在本身的澄明着-遮蔽着的到来”（*LH*，249）。或者说，与存在的切近“在本质上是作为语言本身发生的”（*LH*，253）。这种语言概念与传统的语言概念截然不同。在传统的理解中，语言是由身体（语音或字形）、灵魂（音调和节奏）和精神（语义）三者组成的统一体。这一语言观与“人是理性的动物”相互呼应，因为在这一定义中，人的构成也是从身体、灵魂和精神三方面来理解。按照这种解释，人的身体应属于动物性领域，而语言和理性能力则是人性的特有标志。人是“理性的动物”这一定义将人与其他存在者区分开来，作为唯一拥有语言能力的生物，人显得格外与众不同。然而海德格尔强调，语言并不源于人的动物本性，它也不是为了将人与其他生物区分开来而附加在人之本质上的某种东西。“人类不只是一种拥有语言和其他能力的生物。确切来说，语言乃是存在之家，人通过居于其中而绽出地生存，他属于存在之真理，并守护着它”（*LH*，254）。

这段引文表明，为了恢复“存在”作为思想事项的优先性，海德格尔对“人是理性的动物”这一形而上学定义提出了质疑。然而，这种优先性仍然是一种本质主义的逻辑。这一逻辑在另一层面上运作：它在人与存在的切近中赋予人（唯有人）特有的尊严。针对这一点，德里达说道：“人以及人的称谓不会在存在问题中被取代，因为存在问题仍是形而上学的。”①海德格尔想寻求一种更为精确、更为严谨的方式来定义人，他在此名义下用存在的真理思想取代了形而上学的人本主义思想。

> 想必你早就想反驳我了吧，这样一种思想不正是对 homo humanus 的人性之思吗？它在一种决定性的意义上思考着人性，而这是形而上学所没有思考过的且向来不会思考的，不是吗？这不正是最高意义上的“人本主义”吗？当然是的，这种人本主义从贴近于存在的角度来思考人之人性。然而同时，在这种人本主义中，不是人而是人的历史性本质在存在之真理的本源中扮演着重要的角色。然而这样一来，人的绽出之生存不也在这场博弈游戏中起决定性作用吗？确实如此。
>
> （*LH*，261）

现在，我们来尽可能清楚地总结一下海德格尔的观点。传统的人本主义惯于根据自然和人性这类预设的规定来确定人之存在，海德格尔大胆地对这些传统规定的根基提出质疑，揭示了人本主义与独断的形而上学之间的共谋关系，并在此基础上对“人的本质”进行了重新定义：人是绽出之生存。海德格尔对人本主义的批判以及“绽出之生存”概

---

① 德里达：《人的终结》，第 128 页。

念不仅让我们更好地理解价值理论和虚无主义的破产，它们还为我们开创了一种可能性，即我们可以建构一种别样的“伦理学”——这种伦理学是对责任本身的思考，是对作为回应或敞露（responsivity or exposure）之责任的思考。这便是海德格尔对当代思想所做出的巨大贡献，我对此表示赞同。

然而，当海德格尔将“绽出之生存”局限在人的范围内，问题便出现了。这里的问题并不在于海德格尔未对人的“绽出之生存”进行相关论证或分析（这一论证缺陷确实带来一定的困难），也不在于“绽出之生存”的主张仍存在争议。(包括海德格尔在内，有谁可以确定“绽出之生存”只专属于人类，而在其他存在者身上不存在呢？如果海德格尔对此非常确信，如果这一情况是如此显而易见，那么他一再否定动物的“绽出之生存”又是怎样一种状况呢？）问题的关键是海德格尔不加批判地接受了将人类与动物区别开来的对立逻辑，他的整体思想也一直依赖这一逻辑。为何海德格尔一再强调人“绽出”是人的专属特征呢？人们不可能只单纯地探讨“绽出之生存”，而不在人与动物之间划定一个不可逾越的界线，不是吗？无疑，即便人们在探讨“绽出之存在”时带有较少的人类中心主义色彩，也仍有可能产生区分和界线——然而，这些差异必然是本质、简单、对立、深渊般的吗？它们必然要遵照一定的界线将人类和动物区别开来吗？

从根本上说来，海德格尔对形而上学人本主义的局限性进行了鞭辟入里的分析。然而，他不加批判地接受了形而上学人本主义的如下预设，即人与动物之间存在明晰的界线。确切来说，海德格尔关注的焦点是人与动物之界线的确定方式和理解方式。从这个意义上来说，海德格尔与整个人本主义传统是“同一”逻辑——他同样强调将人类和动物区别开来的对立逻辑。他与人本主义传统的不同之处仅在于他重新绘制了人与动物之间的界线。海德格尔认为，人与动物之间的本质区别不在于人是否拥有语言或理性的能力，而在于人（也唯有人）能够“绽出之生存”——它是更为原初的，是语言或理性能力的根基。因此，如若从动物问题角度来理解海德格尔的思想，我们会发现，他有力地质疑了形而上学的人本主义（这种人本主义根据存在者之存在的预设性阐释来规定人）。然而，悖谬的是，他同时也进一步巩固了人本主义传统的人类中心主义色彩（在这里，人们将动物之存在摆置在人类之存在的对立面，在一种严格的二元对立框架中来规定动物）。值得注意的是，所谓的“人类中心主义”并不仅仅意味着将人摆放在存在者的中心位置（海德格尔竭力避免这一点），它还指如下尝试：妄图确定人类的独特性，使人类优于（或对立于）那些可能会破坏这种独特性的存在者们。从这个意义上说来，海德格尔的思想仍然带有某种人类中心主义色彩。他为当代思想留下了丰厚的哲学遗产，同时他也将这富有争议的人类中心主义倾向注入当代欧陆哲学。这一问题在列维纳斯、阿甘本和德里达那里得到了细化、质问以及重塑。在下面的章节中，我会在探讨这些哲学家思想的同时追溯这一人类中心主义的残迹。

第二章
面对动物他者——列维纳斯

导　言

列维纳斯的思想为当今的动物伦理问题带来哪些启示?这是本章所要探讨的主要问题。这一问题非常重要，因为乍看之下列维纳斯的思想似乎与本书的主要观点是相互对立的。列维纳斯曾在多部著作中谈及动物问题，总归说来主要有两个论点：第一，非人类的动物无法真正地从伦理层面来回应他者；第二，非人类的动物无法引发人类的伦理回应。也就是说，他者总是（并仅可能是）人类的他者。本文旨在对列维纳斯的这些观点进行审视，并在此基础上表明一点，即列维纳斯的思想显然带有人类中心主义的倾向，然而其思想的内在逻辑与人类中心主义是相悖的。如果我们对列维纳斯的文本进行审慎地阅读，就会发现其阐述逻辑与上述两个论点之间是不相容的。实际上，列维纳斯的伦理哲学致力于建构（抑或说它应该如此）一种“普遍的伦理关怀”

观念，也即建构一种带有不可知论色彩的伦理关怀形式——这一形式摒弃了任何先验的约束或界线。我会在后文对此进行论述。“伦理关怀”这一激进观念与最后一章（专门探讨德里达的动物思想）所探讨的某些观点相互呼应。此外，这一观念还有助于我们去勾画动物问题的政治维度，我将会在下一章节中（专门探讨阿甘本的动物思想）对这一维度进行详细阐述。

模棱两可的人类中心主义倾向

列维纳斯的第一个观点是动物无法真正地从伦理层面来回应他者，对于这一观点我们应如何理解呢？根据列维纳斯的描述，要想对他者做出回应，动物必须有能力克服或悬置其基本的生物性冲动。列维纳斯对动物问题持一种传统的观点，与霍布斯、斯宾诺莎等哲学家的观点相类似。在他看来，动物之间存在永恒的对抗（这类似于霍布斯所描述的自然状态，即一切人对一切人的斗争），它们固守着自身的利己主义欲望，对他者视而不见，对他者的召唤听而不闻。按照这一论述，能悬置自身生物性冲动的动物是不可思议的，我们无法在生物学的法则下对其进行解释。在列维纳斯看来，人类这种动物也在很大程度上取决于其生物性冲动，它们“必定”也在“生物层面”进行着自身的生存斗争。①只有破除这种存在的生物学法则，伦理学才会出现，“人类”才会诞生。因此，在列维纳斯的哲学中，人类和伦理学类似于某种奇迹，它们标志着生存法则出现了裂隙，指向了某种“不同于存在”的东西（也即某种“不同于动物性”的东西）。因此，在某种意义上说，列维纳斯的哲学体系都在围绕着如下问题展开探讨，即人类这种动物是如何突破其动物性本能的，又是如何演变成严格意义上的人类的。

反过来问，非人类的动物是否也可以成为伦理意义上的存在，是否也可以具备严格意义上的“人性”，我们无法排除这种可能性的存在。某些动物可以为了群体中的其他成员（甚至可以为了其他物种）而牺牲自身的利益，这样的例子屡见不鲜。虽然其中有一些证据是无法证实的轶闻遗事，但是其中也有大量的证据是真实可信的，它们或被科学家们亲眼见证，或被影像所捕获。这些证据可以很好地证实非人类动物身上的利他倾向。为何这种利他倾向既存在于人类世界也存在于动物世界，这一问题深深困扰着进化生物学家们。然而无论答案是什么，生物学家和人类学家都一致认为大自然中普遍存在利他倾向。如上文所言，列维纳斯认为动物生

---

① 伊曼努尔·列维纳斯：《来到我们心中的上帝》（*Of God Who Comes to Mind*, trans. Bettina Bergo, Stanford, Calif.: Stanford University Press, 1998），第177页。

命“必定”处于“一切生命反对一切生命”（all against all）的利己主义斗争中。在他看来，动物必然会这样，这是它们的天性。这些利他主义证据的出现至少令列维纳斯的观点不那么畅达了。在列维纳斯看来，是否可以“为他者而存在”（being-for-the-other）是区分人和动物的主要标准，如果动物也能够“为他者而存在”，那么这一区分可能会不复存在。

在第二次世界大战期间，列维纳斯不幸沦为战俘。在这段艰难时期，他与一只名为“鲍比”（Bobby）的狗相遇。他在《艰难的自由：论犹太教》一书中曾对这只狗进行了探讨。然而奇怪的是，列维纳斯并没有在此基础上思考动物可以“为他者存在”的可能性。在下面的文字中，笔者援引了列维纳斯书中的原文，读者可以去细细品味他独特的论述方式：

> 我们中的七十人被关押在一个森林突击营里，这个突击营的主要任务是看管纳粹德国的犹太战俘。我们所在的集中营编号是1492，正是在这一年天主教君主费迪南（Ferdinand V）将犹太人驱逐出西班牙。多么非同寻常的巧合啊！我们身穿法国人的制服，这使我们免受希特勒的暴力侵犯。那些所谓的“自由人”与我们打交道，给我们工作，向我们发布命令，甚至向我们微笑。还有那些过路的妇女和孩子，他们有时会抬起头来

看看我们。然而竟是他们剥去了我们身上的“人类”外衣。我们成了次等的人类（subhuman），成了一群类人猿。我们（一群受迫害者）所遭遇的不幸，我们身上所散发出的力量，我们发自内心的低语，这些都使我们想起我们的本质：我们实际上是思考的生物。然而现在我们已不再是人类中的一员，我们已然被排除在外了。我们的来往穿梭，我们的悲伤与欢笑、疾病和焦虑，我们手头的工作，我们眼神中流露出来的痛苦，那些来自法国的信件以及那些寄回我们家中的信件，这些统统都被画上了括号，被悬置了起来。我们被他们的“物种”分类概念所捕获，变成了只有词汇却没有语言的存在者。种族主义不是一个生物学的概念，反犹主义是一切拘禁状态的原型（archetype）。社会侵犯行为只是对这一原型模式的模仿。它将某些人拘禁在某一类属中，剥夺了他们表达的权利，将他们定性为一群“没有所指的能指”（signifiers without a signified），于是，随之而来的便是暴力和斗争。我们身上的“人性”使我们看起来与会说话的猴子有所区别，然而他们却把我们的“人性”用引号悬隔起来了。我们怎样才能够向他们传达这引号背后的“人性”呢？

囚禁时光过得非常缓慢，期间发生了一个插曲：囚禁期过半，一只流浪狗走进了我们的生活。他①跟我们在一起有短短几周的时间，直到哨兵将他赶走。一天，我们完成了劳作，在哨兵的看守下回到集中营。这时，一只狗与我们这群“贱民”（rabble）迎面相逢。他在集中营附近的几块野地里活了下来。人们通常给他们所珍爱的狗起名，我们也一样。我们给他起名叫“鲍比”，这是一个颇具异国情调的名字。他会在我们早晨集合的时候出现，会等待我们回来。这只狗一见到我们，便跳上跳下，兴高采烈地吠叫。于他而言，我们无疑是人类。②

这显然是列维纳斯所有著作中最具个人化色彩、最令人动容的一个段落。这段话耐人寻味，列维纳斯强调了许多重要的问题，值得我们关注。在本文中，我重点关注列维纳斯对鲍比的细节描述，反思这一描述对利他主义问题的影响。鲍比会“等待我们回来，这只狗一见到我们，便跳上跳下，兴高采烈地吠叫”。乍看起来，鲍比的行为似乎不是一种彻

---

① 文中描述流浪狗“鲍比”时用的是人称代词“he”，而不是“it”。——译者注

② 伊曼努尔·列维纳斯：《艰难的自由：论犹太教》（*Difficult Freedom: Essays on Judaism*, trans. Seán Hand, Baltimore, Md.: Johns Hopkins University Press, 1990），第152-153页，以下简写为*DF*。

底的利他主义，然而他的确展现出某种伦理的姿态。狗有能力回应那些需要帮助的存在者（不管需要帮助的是同类、人类，还是其他物种），它们因这一点而为人称道。包括列维纳斯在内的这七十个囚犯被人类视为“贱民”“次等人”“一群类人猿”。而流浪狗“鲍比”对这些囚犯的回应提醒他们“人性”尚存，这正是这些囚犯当时所需要的东西。也就是说，他们被迫拘禁在集中营，被降格为“非人”，然而于鲍比而言，“我们无疑是人类”。这只流浪狗的行为提醒着他们身上的独特性。鲍比承认并尊重这些囚犯身上的“人性”。在列维纳斯的眼中，这只狗比看守集中营的纳粹士兵“更具有人性”。因此，列维纳斯将鲍比称作“纳粹德国的最后一个康德主义者”（*DF*，153）。

然而，列维纳斯笔锋一转，补充说，鲍比终究不是康德主义者，不是人类，因为他缺乏“将真理普遍化的头脑”。鲍比的姿态中的确存在一种“原初的伦理性时刻”（proto-ethical moment），然而他并没有形成真正意义上的伦理学和政治学，因此他不具有人性。对列维纳斯来说，动物是“人类最好的朋友”，是无思考能力的沉默见证者。它们见证了人类的超越性，见证了人类的自由和独特性。恰是凭借“见证者”这一身份，“动物之中也存在超越性”（*DF*，152）。然而文中列维纳斯忽视了一点：鲍比在集中营也面临着同样的危险。他不是一只娇惯的、有恋母情结的宠物，而是一个为生存而苦苦挣扎的流浪者。他在监狱附近的“几块野地”

里艰难生存。不管是在集中营的外面还是里面，他显然都不受欢迎。最终，他还是被看守“赶走”了。集中营的囚犯们精疲力竭、穷困潦倒，他们连自己的生存都保证不了，所以也不会有什么剩余食物分给这只狗。鲍比在生存线上苦苦挣扎，他为何脱离其“存在的持续状态”（persistence in being）而去欢迎下班的囚犯们回到营地？难道这不是最典型的伦理行为吗？诚然，鲍比不会给列维纳斯和其他囚犯任何“物质性”的东西，然而他也绝不是列维纳斯在《整体与无限》中所说的那种利己主义之“我”（这里的“我”为了能够舒适地生存于世，会设法收集资源，建设一个属于自己的家园）。鲍比不能用“双手”（此处是“爪子”）建立任何基业，他是贫乏的（poverty）。然而，在他和囚犯之间交换着某种带有伦理色彩的礼物，即便列维纳斯察觉不到这一点。鲍比并没有真正地将嘴里的面包扯下送给囚犯们，然而他确实暂时搁置了他的生存斗争而选择和囚犯们在一起，并向囚犯们提供他所能做的一切，如他的活力、兴奋和情感。如此看来，鲍比成了某种“不同于存在”（“otherwise than being”，也即“不同于动物性”）的生命。难道他不是“不同于存在”的最好范例吗？有鉴于此，我们认为，动物并不仅仅是人类超越性的见证者，它自身也存在真正意义上的超越性。或许动物也是一种“神迹”，它们和人类一样也标志着存在秩序的裂隙。

上述观点带有某种新宗教主义的意味，本文的目的不是得出这样的结论，而是试图阐明我们所讨论领域内的一种彻底转变。人类的利他主义行为不再是一种“神迹”，它也不再标志着存在秩序的裂隙，因为动物的行为也通常带有利他主义的倾向。人类和动物都可以“为他者存在”，都具备“神性”。“为他者存在”以及“神性”不再是超越性的踪迹，也不再是人类的专属特征，这些要素在这个物质世界中无处不在。许多列维纳斯思想的当代追随者们认为，“神性”这一概念是使后形而上学神学（postmetaphysical theology）恢复生机的重要因素。与他们不同，在我看来，“神性”等概念可以从一种更为开阔、更为自然主义的角度来表述人类和非人类的存在问题。为了探究这一思想，我们首先要详尽地考察列维纳斯的动物思想。

我在上面的文字中提到了列维纳斯的“传统”动物观。在我看来，他的动物思想与霍布斯、斯宾诺莎的观点颇为相似。列维纳斯则认为他的动物思想源于达尔文的生物学理论。在《道德的悖论》一文中，列维纳斯援引了达尔文对存在以及动物性的阐释，并对其进行了评注：

> 达尔文认为，生物（a being）是与存在（being）、与其自身存在相关联的某种东西。动物的存在是为生存而斗争，而这种斗争不具有伦理性。这是一个或然性的问题（a question of might）。海德格尔在《存在与时间》的开篇指出，此在（Dasein）是关心存在本身的一种存

在。生物为生存而斗争，此乃达尔文的观点。①

作为自然实体的“生物”主要为生存而斗争，这无疑是达尔文“自然选择”理论的核心要义所在。然而，达尔文却不至于像列维纳斯那样认为，一般意义上的存在（尤其是动物）仅仅为生存而斗争，它们的存在“不具有伦理性”。他强调，不管是在人类社会还是在动物王国，我们都可以发现伦理行为的基本形式。仔细阅读过达尔文著作的人们并不会对这一观点感到惊讶。我们或许可以说，达尔文从根本上对人类沙文主义提出了质疑，在这一点上没有哪位思想家可以与之比肩。达尔文在其成熟之作中强调，人们通常认为理性、语言、道德等是人类所独有的特征，然而事实并非如此。不光人类的行为会带有理性的色彩，会笼罩着伦理的光环，大自然中的其他动物也同样表现得如此。他指出，人类与动物之间并不存在种类上的根本差异，它们只存在程度上的差异。

在《人类的由来》（*The Descent of Man*）一书中，达尔

---

① 列维纳斯：《道德的悖论：与列维纳斯的会谈》（“The Paradox of Morality”），部分刊载于《动物哲学：欧陆思想选读》（*Animal Philosophy*：*Essential Readings in Continental Thought*，ed. Matthew Calarco and Peter Atterton，New York：Continuum，2004），第50页。

文强调动物伦理这一观点。在达尔文的时代，人们普遍认为动物没有道德意识，即便在当今的大众意识和许多科学观念中，这一思想仍根深蒂固。达尔文反对这一主流观念，为此他收集了大量证据来证明在动物中也存在利他主义和社会性倾向。他指出，动物会袒露彼此的情感，会相互提供帮助。它们会照料亲属和兄弟姐妹，会相互提醒警惕危险，甚至会保护受伤的同伴，扶养病残者。达尔文将这些伦理行为归因于人类和动物所共有的“社会本能”。同时他坚信动物的这些行为具有真正的伦理性，因为它们源于动物之间的强烈感情纽带。达尔文试图使这些利他主义的例子与他的自然选择论协调一致，然而这样做有相当大的难度。不管怎样，有一点是毋庸置疑的，即在达尔文看来，伦理的存在远远超出了人类的范围。①

新达尔文主义者理查德·道金斯（Richard Dawkins）的思想与列维纳斯的思想在某些方面十分接近。列维纳斯认为，动物从根本说来是非伦理的存在，道金斯似乎为这一观点提供了一些科学上的支撑。在《自私的基因》一书中，道金斯引用了一些动物利他主义的例子。像达尔文一样，他

---

① 詹姆斯·蕾切尔斯在《由动物创生：达尔文主义的道德意涵》（James Rachels, *Created from Animals: The Moral Implications of Darwinism*, Oxford: Oxford University Press, 1990）一书中对达尔文主义以及动物伦理进行了深入的探讨。

也认为利他主义与自然选择论从根本说来是相左的。道金斯指出，鉴于自然选择的基本运行机制，自私是大自然的唯一选择："我认为'自然即腥牙血爪'（nature red in tooth and claw）这句话绝妙地总结了我们对自然选择论的现代理解。"①生物系统是盲目无情的，它带有利己主义的倾向，然而这种利己主义的生物系统却能够引发生物自我牺牲的冲动、产生利他主义的行为。我们应如何来解释这一不相兼容的事实呢？道金斯之前的生物学家们从进化论角度对利他主义进行了各种不同的阐释，包括亲属、物种以及群体选择主义等。道金斯反对这些解释，他认同比尔·汉密尔顿（Bill Hamilton）和乔治·威廉姆斯（George Williams）的开拓性研究，认为我们可以从基因的角度来诠释（甚至是澄清）利他主义问题。他指出，基因从根本说来是"自私的"，这是因为基因的目的在于复制自身。这一观点引起了人们的广泛争论。在他看来，在自然选择中，某一个体、群体或物种的福祉并不重要，重要的是基因的复制。因此，从生物角度来说，动物的所有利他主义行为都可能是自私的，因为利他主义行为从根本说来可以促进"自私基因"的复制。

因此，从道金斯的视角来看，列维纳斯的思想是正确的。如果我们从基因层面出发（而不从物种或个体层面）

---

① 理查德·道金斯：《自私的基因》（Richard Dawkins, *The Selfish Gene*, Oxford: Oxford University Press, 1976），第2页。

来看待动物的话，它们可能只不过是利己主义的存在者，它们的一切行为都建立在私利的基础上。由动物和其他个体组成的整个自然世界可能只不过沉湎于一种盲目无情的生存斗争中。流浪狗“鲍比”对囚犯们的态度可能只是一种无意识的行为和策略，其目的是为了复制“自私基因”。然而，如果我们采取这一视角来理解利他主义的话，会导致两种后果。首先，尽管道金斯在《自私的基因》中主要探讨的是动物的利他主义行为以及自私问题，然而他所提出的“自私基因说”同时将人类涵括在内。与达尔文一样，道金斯坚决拥护生物的连续主义思想，拒绝在其理论框架中，为人类作出任何例外解释。①因此，如果我们采纳道金斯的“自私基因”理论，那么从生物学层面上讲，人类和动物的利他行为都必然服务于自私的目的。然而，这一点与列维纳斯的思想是相悖的。在列维纳斯看来，人类具有“神性”，可以“为他者存在”，这两点是人之为人的专有特征。其次，道金斯对利他主义现象的分析不够详尽，也不够彻底（他也并无意对其进行详尽论述）。他仅仅从生物层面对这一现象进行分

---

① 道金斯在《自私的基因》一书中对“模因”（memes）和文化进行了探讨，有些人认为这两个要素标志着人类与自然的决裂，然而这种观点是错误的。在道金斯看来，这两个要素并不为人类所专有。他指出，人类的独特性在于他们具有“自觉的预见能力”（conscious foresight）。可以说，“自觉的预见能力”将人类与动物区分开来，然而这一区分并不明确。

析，其目的在于解释某一特定行为对繁殖所起到的作用。他并没有提到个体在利他行为中的心理动机，也没有从认知层面对其进行探究。①然而即便在道金斯看来，某些动物的行为可能确实是利他主义的，某些动物的行为可能确实出自于真正意义上的情感回应和伦理反应。如达尔文所说，我们可以在非人类那里发现这种情感和伦理上的反应。

我们在上文中说到，道金斯仅仅从基因的角度来阐释利他主义问题。不同于道金斯，认知动物行为学家们选择从生物学和心理学视角来更审慎、多维度地解释动物行为。这两种分析方式之间从此泾渭分明。动物行为学家弗兰斯·德·瓦尔（Frans de Waal）撰写了大量著作来探讨人类道德的生物学（动物）起源。他指出，人们必须从更为全面的视角来理解动物的利他行为。换言之，人们可以尝试从心理学和生物学角度、从多个层面（如亲属之间的关系、社会中个体之间的互惠原则等）来解释利他主义。我们知道，达尔文认为，无论是从认知层面上讲，还是从道德层面上说，人类和动物之间并不存在明显的断裂。动物的利他行为和人类一样都具有伦理性。德·瓦尔所提倡这种阐释方式并不会对达尔文的观点形成冲击。相反，在德·瓦尔看来，对动物行为进

---

① “在本书中，我并不打算探讨（利他行为的）心理动机。”（道金斯：《自私的基因》，第4页。）

行全面分析会进一步证实达尔文的观点。[1]

德·瓦尔等认知动物行为学家们所采取的这种方法最终是被纳入新行为主义理论体系中，还是被看作是进化心理学的简化说法？这一点还有待观察。我并不想对这些论争进行讨论。此处，我想表明一点，即在列维纳斯看来，动物生命全然不同于人类生命，它们的生存斗争不具有伦理性，然而无论我们从哪一种角度（无论是简化分析还是全面探讨，无论是生物学角度还是心理学角度）来思考动物的利他主义问题，都不会得出列维纳斯的结论。如果我们采纳列维纳斯的观点，认为人类有可能用利他主义来取代利己主义（即便只是从心理学层面上来说），那么我们也应该去思考动物身上也同样存在这样的可能性。

列维纳斯在这个问题上将人和动物截然分开的努力，是一种过时的生物学思想，还是一种陈旧的哲学思想，因为它强化了西方哲学传统中的形而上学人类中心主义倾向。我们要对人类中心主义倾向提出质疑，然而却没有必要围绕着伦理问题在人类和动物之间建构一种彻底的同源关系，这一点

---

① 弗兰斯·德·瓦尔：《良好的教养：论人类与动物之是非观的起源》（Frans de Waal, *Good Natured: The Origins of Right and Wrong in Humans and Other Animals*, Cambridge, Mass.: Harvard University Press, 1996.）。尽管德·瓦尔观点的基本逻辑是生物的连续主义，但是他还不至于对动物权利持拥护的态度，这一点值得我们注意。详见《良好的教养》之“结论”部分。

不是我的目的所在。从亚里士多德到笛卡尔，直至海德格尔、列维纳斯，他们的思想代表了主流的哲学传统。在动物问题方面，我们从这一哲学传统中继承了一种狭隘的视野。我认为关键就在于努力超越这一简化视野。诚然，这样一种转变不是一蹴而就的，也不可能凭空实现。然而我们有必要利用现有的手段，以一种别样的方式来阐释动物问题，从而可以更深入地质疑形而上学人类中心主义，可以超越人类中心主义为思想所设立的重重界线。有鉴于此，生物的连续主义观点（达尔文、道金斯、德·瓦尔等思想家都坚持这一观点）是一个重要途径，它不仅可以去人类中心化，还有可能揭示一点，即长期以来，人们通常认为某些特征是人类所专有的，然而，我们发现动物身上也同样具备这些特征。我们知道，绝大多数的哲学探讨都受人类中心主义认识论的支配，我们应利用这些科学发现来标明哲学话语内的裂隙，并对这些裂隙进行扩展和深化，从而取代人类中心主义认识论。

反思人与动物之界线的划分方式，这一目标任重而道远。在此过程中，我们会遭遇一个严峻的事实，即西方哲学从其希腊思想的“起源”开始，便以人与动物之区别的等级描述为根基。由此，西方哲学本质上是一种人类中心主义的伦理和政治话语，它不加批判地将人类视角看作一切认识论的出发点。不仅如此，哲学问题的探讨都最终为人类的利益服务。哲学话语应像生物学以及其他一些话语一样致力于在人与动物之区别中标识出裂隙之处，只有这样，哲学才会摒弃其立足的根基：人类视角和人类利益。当今的哲学应转向对动物问题的探讨，这是对古典哲学的反转。然而问题是我们既不知道动物能够做什么，也不知道它们会变成什么。列维纳斯哲学所竭力去阻止、去掩饰的也正是这一问题，但最终并未奏效。如果按照列维纳斯的观点，我们只能将动物隔离在“某一等级”之中，剥夺它们“表达的权利”。纳粹的看守者们便用这种方式对待列维纳斯和他的同伴们，而列维纳斯以同样的方式来对待动物。既然人与动物之区别一直是思想的根基所在，那么当今从事哲学研究便意味着从人与动物之区别的裂隙出发来思考问题。我们要将人类“去中心化”，要用一种谦卑、慷慨的态度来对待所谓的“非人类”。只有这样，我们才有可能建构一种真正的非人类中心主义思想。

然而，如果我们以这种方式对待动物，那么这也就意味着承认动物可以引发某种伦理性的相遇。在这一相遇过程中，动物会瓦解“只有人类才可以成为他者”这一思想。此外，我们知道，人类惯于将某种动物纳入相应的生物范畴之中，而在这一伦理相遇的过程中，动物会挑战这类生物范畴的划定。这样一种相遇意味着动物同样可以拥有列维纳斯意义上的“面孔”，拥有表现性和脆弱性，意味着它们可以对“我”的思想和利己主义倾向提出质疑，并要求一种替代的关系范式。这种可能性使我们回到了本章开篇所提出的第二个问题，即动物是否可以引发人类的伦理回应。越来越多的动物伦理认为动物可以引发人类的伦理回应。在动物伦理学家看来，这种伦理经验再平常不过了。然而，列维纳斯却不这样认为。他指出，动物不具有伦理性的中断力量（an ethical interruption）。他得出这样的结论并不足为奇，因为他将人与人之间的伦理关系摆在优先位置。然而，在这一问题上，列维纳斯的人类中心主义倾向是模棱两可的。虽然他曾明确指出只有人类才有可能成为他者，然而他对伦理经验的分析不允许他对此建立任何绝对的边界。此外，当采访者质问列维纳斯“动物是否有可能拥有伦理性的相遇”时，列维纳斯无法否认“动物可能拥有‘面孔’”这一点。

列维纳斯认为，只有人类才有可能成为他者。在《整体与无限》的“话语”（Discourse）一节中，他对此进行了详尽探讨。①在他看来，伦理关系的前提条件是同一与他者之间的绝对（而不仅仅是相对的）差异。为了在“我”与他者之间形成一种绝对差异，“我”和他者身上的某些因素必定不会将两者整合到一个范围之中。就“我”（同一）的方面来说，第三方旁观者根本就无法捕捉“我”特有的享受方式。整个利己主义的过程让我稳固了自身，使我成为主

---

① 列维纳斯：《整体与无限：论外在性》（*Totality and Infinity*: *An Essay on Exteriority*, trans. Alphonso Lingis, Pittsburgh, Penn.: Duquesne University Press, 1969），第64-70页，以下简写为*TI*。

体。这一过程是“我”所独有的，它构成了“我”隐秘的内在性，构成了“我”之“我性”。诚然，在这一发展过程中，“我”总是处于与他者们（包括人类和非人类）的关系之中，“我”也时常沉浸在一种基本的环境之中。然而，“我”所依赖着的这些“他者”只能影响“我”，约束“我”。它们不会从根本上侵扰到“我”，也不会中断“我”利己主义的欲求。最终，随着“我”之居所的建成，“我”能够战胜所有侵扰“我”利己主义欲求的不安全因素。“我”的家园给“我”时间和空间来振作自己，使“我”免受那些不安全因素的侵扰，它还将享受的对象完全变成“我”的财富。

然而，“我”与他者之“面孔”的遭遇从根本上中断了所有一切。通过这次相遇，“我”身上“动物的自满情绪”（*TI*，149）受到抑制；“我”的规划被耽搁了，目标被延缓了；我的居所变成了客栈；我的财富变成了礼物。此时问题便出现了：到底谁能够以这种方式中断“我”的利己主义倾向呢？谁能够带给“我”这种震颤？这个“他者”到底是谁？列维纳斯主张，他者必然是一个真正的、绝对的他者，这对相遇的伦理性来说是必不可少的。正是因为这一点，他者不可能归于任何种属，即便是像“人性”这样的宽泛概念也不能将之涵盖。所以，我们不能简单地说他者是某个人类。列维纳斯认识到了这一点，他的人本主义并不以生物学或人类学中的“人性”概念为基础，这便是其中缘由。事实上，在列维纳斯看来，他者就是我们通常所说的“人类”，然而这里的“人类”应该被理解为这样一种存在者，即他们不能被简化为同一的目标，不能被贬低成客观的意向性。如此说来，“人类”不是一个物种概念，而是一个伦理概念。从理论上说来，这一概念并不仅仅指人类。凡是对“我”的利己主义倾向提出质疑的存在者都应被涵括到这一概念之中。

如果列维纳斯坚持认为“人类”仅仅是一个名称，它指代的是那些瓦解“我”之利己主义倾向的存在者，那么“人类”这一概念的运作方式与《整体与无限》一书中的“女性”概念有异曲同工之妙。在该书中，“女性”概念指的是当我的挚爱在家中时（这里的“家”是可以被任何性别所居有的场所）而出现的一个空位置的居有者，它指向一种亲密关系和热情好客，并无具体所指。然而，正如一些女性主义读者指出，列维纳斯的“女性”概念是颇成问题的，因为性别概念从来不会按照列维纳斯理想的方式客观地运作。同样道理，即便我们将“人类”概念理解为一切质疑“我”利己主义倾向的存在，它还是有失偏颇的，因为“人类”概念在形而上学和伦理方面承载了太多重负。我们看到，列维纳斯并不局限于如下观念，即“人类”是一个“空位置的居有者”。他坚持认为，他者只能是真正的人类他者。

在上文中，我一直在探讨《整体与无限》中的相关章节。列维纳斯指出，他者只能是人类。为了强调这一论点，他将人类和非人类（在该章节中，非人类被称为“事物”）

区分开来，并在此基础上指出人类在伦理领域中所具有的唯一优先性。他说道："这个绝对的异质者可以命令我，而他只能是人类。"（*TI*，73）换言之，这个绝对的他者能够冲破"我"利己主义的保护层，并对"我"的利己主义倾向提出质疑。然而，为何"只能是人类"才能够中断"我"的利己主义倾向呢？在列维纳斯看来，唯独人类他者不能被简化为"我"的目标。当"我"与某一脆弱的人类他者邂逅，"我"的野心和欲求便受到抑制。在这一邂逅过程中，我遭遇到了前所未有的阻力。我调动各种力量来对抗这种阻力，然而却不能撼动它。无疑，如果我愿意，我完全可以征服这个脆弱的人类他者，虐待他，甚至杀死他。然而吊诡的是，正是他者身上的脆弱性使我无意于这样做，也正是它使我驻足反思。他者仿佛"从高处"召唤"我"，在这里，"我"对他者的统治权被颠倒了，而这种状态出于"我"自由的伦理选择。在"我"与他者邂逅的过程中，"我"的客观意向性以及带有利己主义色彩的"我性"都被取消了，抑或说，它们从伦理角度得到了反思，并最终走向了正义和好客。

列维纳斯强调，不管非人类的存在对"我"的利己主义倾向形成多大的阻力，它们都不能对"我"形成明确的阻碍。换言之，非人类存在会对"我"形成一定的阻力，但"我"总能通过"我"的力量或技术的援助来克服它。诚然，自然和人工制品并不总是会进入"我"所关心的领域，并不总是会成为"我"所欲求的目标和任务。然而，在必要的时候，它们通常会涌入我所关心的领域，成为“我”欲求的目标。一旦它们不在“我”关心的领域之内，那么“我”会将它们弃之一旁。列维纳斯认为，从伦理角度来说，非人类的事物所产生的阻力并不会对“我”产生任何影响。当非人类的事物在抵抗我的时候，并不是因为它们本身是“自在”的，也不是因为它们能够抵御我的分类方式，而是因为非人类的存在不能于人类的语境之外在场。换言之，事物不会依靠自身而在场。只有在人类的特定语境中，或者说只有成为人类的某一特定目标时，它们才具有意义。因此，在列维纳斯的现象学研究中，非人类的存在有许多在场的方式。它们可以作为工具而为人所用，可以是人类享乐的对象，可以是人类审美的客体，可以是送给人类他者的一个“雪中送炭”的礼物，甚至可以是一个“匿名的存在（il y a）事件”。然而，它们永远都无法从伦理层面影响到“我”，无法质疑“我”存在的持续状态，因此也无法中断“我”的运作活动。

列维纳斯认为事物不具备伦理性，然而他的分析是否恰当？理由是否充分？这一问题值得我们去探究。① 列维纳斯似

---

① 人们普遍认为事物不具有伦理性，西尔维娅·奔索在《事物的面孔：论伦理学的不同侧面》（Silvia Benso, *The Face of Things: A Different Side of Ethics*, Albany: State University of New York Press, 2000）一书对这种观点进行了强有力的抨击。

乎注意到了一个事实，即事物身上可能具备某种类似于伦理性的特质，它们或许可以同人类一样伦理性地在场。我们可以援引列维纳斯的原话来证明这一点，其中最为著名的是在《存在论是最为根本的吗?》的结尾部分，他问道："事物可以有面孔吗?"①然而，在其成熟之作中列维纳斯从来都没有反思过这种可能性。②这种可能性也从来都不会消解人类面孔的优先性。因此，如果按照列维纳斯的说法，事物没有面孔，那么动物的面孔又是什么呢?列维纳斯有关"事物"的例子几乎都是"无生命的物体"，如打火机、眼镜等。我们所称之为"动物"的存在者显然并不属于列维纳斯所描绘的"事物"范畴。然而，他也必定不想在伦理层面上将动物和人类混为一谈。因此，在列维纳斯所描述的伦理生命的现象学领域中，他将动物置于何处了呢?他是怎样看待动物的?

在《道德的悖论》这则访谈中，采访者直截了当地向

---

① 列维纳斯:《存在论是最为根本的吗?》("Is Ontology Fundamental?" trans. Peter Atterton, in *Basic Philosophical Writings*, ed. Adrian Peperzak, Simon Critchley, and Robert Bernasconi, Bloomington: Indiana University Press, 1996), 第10页。

② 列维纳斯在其早期作品中将"(人类的)存在"描述为某种神迹，这一点与其晚期作品形成了鲜明对比。详见《宗教实践的意义》一文("The Meaning of Religious Practice", trans, Peter Atterton, Matthew Calarco, and Joelle Hansel, in *modern Judaism* 25, [2005]: 285-289.)

列维纳斯提出了诸多问题，如他者是否有可能是动物？人类的面孔是否不同于动物的面孔？人类是否对非人类的动物负有义务？列维纳斯对这些问题的回应显示了他的困惑。这些困惑可以帮助我们探究列维纳斯在动物伦理问题上的立场。列维纳斯在其代表性作品中通常对这些问题避而不谈，而在这则访谈中，他对这些问题进行了回应。首先，他承认“人们不能完全拒绝动物的面孔”。然而随即他指出，与我们相遇的人类面孔是本源性的，而动物的面孔是次要的、派生性的。“人类的面孔具有某种优先性，而动物并不具有这种优先性。我们根据此在来理解动物，理解动物的面孔。”①列维纳斯坚持人类面孔的优先性，而这一主张是站不住脚的。与之相比，我们更感兴趣的是他在动物伦理范围问题上的含糊其词。他说“人们不能完全拒绝动物的面孔”，这句话的意思是不是说所有的动物都有面孔？抑或说只有某些动物才具有面孔，才可以展示出伦理的力量？在探讨动物的面孔时，列维纳斯所举的主要例子是狗。在探讨狗这类动物时，他可曾想到了鲍比？对此我们无从考究。他在狗的身上发现了一种生命力，也发现了一种能够唤起同情心的脆弱性。恰恰是这种脆弱性使他明确意识到狗也有“面孔”。这一思想可以延伸至多远呢？在这一问题上列维纳斯俨然成了一个不可知论者。“我不知道你在什么时刻才有权利被称为‘面孔’。

① 列维纳斯：《道德的悖论》，第 49 页。

我也不知道蛇是不是有面孔。我不能回答这个问题。”①为了将问题进一步复杂化，列维纳斯遵循这种不可知论的立场，积极将伦理关怀的范围扩展至所有的生命形式。“我们无需将动物当作人类来考虑，伦理也可以延伸至所有的生命身上。这一点是显而易见的。”②

一方面，列维纳斯在动物伦理的范围方面持一种不可知论的立场；另一方面，他又十分确信地将所有的生命形式纳入伦理关怀的范围之内。我们应如何看待这一矛盾？显而易见，列维纳斯的思想有助于人们去建构一种健全的动物伦理学和环境伦理学。然而人们大多选择他的生物中心主义思想，而否定了他的不可知论思想。这是因为生物中心论有助于人们建构一种现象学的自然伦理，这种伦理以各种非人类生命的中断性力量为基础。③ 然而，这种在欧陆环境哲学中已越来越司空见惯的方法，在我看来，进入了一条死胡同。基于一些原因，我们应尽量避免它。相比之下，我认为列维纳斯的不可知论反而更有前景，更值得我们关注。先前的伦理思想都被人类中心主义所束缚，而列维纳斯的不可知论可以冲破传统的重重界

---

① 列维纳斯：《道德的悖论》，第 49 页。

② 列维纳斯：《道德的悖论》，第 50 页。

③ 查尔斯·布朗、泰德·托德韦恩主编：《生态现象学：回到地球本身》（Charles S. Brown and Ted Toadvine, eds., *Eco-phenomenology: Back to the Earth Itself*, Albany: State University of New York Press, 2003.）

限。我会在下文中对上述论点进行详尽的阐释。

普遍的关怀，抑或无先验内容的伦理学

我们在上文中对列维纳斯的思想进行了分析。按照他的逻辑，伦理学通常作如下定义，即他者面孔对“我”利己主义倾向的中断性作用，它将“我”利己主义的存在转变为慷慨大方的存在。换言之，伦理学将“存在者对他者之面孔的回应”以及“存在者对他者的责任”这两个要素结合在一起。列维纳斯在其文本中主要探讨如下问题：他者的贫困和脆弱是如何影响“我”的自发性冲动的？它们又如何让“我”将“我”的财富（比如，“我”那嘴边的面包，我“十分不情愿地”）赠予他者，以减轻他者的痛苦？在其后来的著作中，列维纳斯更倾向于将伦理学称作一种召唤——他者之死召唤“我”为他者而存在。不管是将伦理学看作是一种中断性作用，还是将其看作是一种召唤，这两者的形式结构是相同的，即伦理是一种破坏性力量，这种力量瓦解了“我”持续性的存在。换言之，这种力量对“我”的整个存在产生了深刻的影响，“我”因之得到改变，他者成为“我”优先考虑的对象。然而我们不应将伦理学局限于这样的相遇中。无疑，在“我”与他者的相遇过程中，他者的贫困或有限性显示出一定的伦理力量，列维纳斯强调这一点乃是出于他个人的经历。他所举的这些例子不仅具有

典型的伦理色彩，它们还反映着特定的历史政治事件。正是这些历史政治事件影响并激发着列维纳斯的写作。虽然如此，我们并不认为列维纳斯所描述的这些相遇穷尽了伦理学的一切可能性。中断“我”利己主义倾向的方式可以有许多种，瓦解“我”之“我性”的存在者可以多种多样，“我”被这种伦理相遇所改变的方式同样可以有许多种。其中一些方式、一些存在者像列维纳斯所强调的那样可以恰如其分地被称为“伦理性”。事物和动物是否有可能拥有面孔？列维纳斯在这一问题上的回答模棱两可。他专注于探讨人类面孔的特殊性和优先性，这在哲学方面是站不住脚的。我们可以理解他在这方面的专注，但我们没有必要也同样专注于此、局限于此。

就此看来，列维纳斯在规定“伦理之相遇”时强加了一些特殊的限制。如果我们去除这些限制，认真思考他的“伦理学”定义，那么伦理学会是什么样子的呢？简单说来，伦理学将会带有不可知论的色彩。个中要义何在？我在上文中对伦理学中的三点内容进行了区分：中断“我”利己主义倾向的可能性方式；能够对“我”提出质疑的存在者；这种中断作用可能会改变“我”的方式。如果我们遵循这种区分，那么第二个内容（能够对“我”提出质疑的存在者）将会是伦理学之不可知论的焦点所在。我相信，列维纳斯思想的拥护者们同样也会乐于去思考中断作用（第一点）和改变“我”的别样方式（第三点）。在“我”与他者相遇时，他者的贫困或有限性的确能够中断“我”利己主义的倾向。然而，这并不是唯一的方式。他者的仁慈或活力同样也具备这种“中断”能力。我们似乎无法先验地去列举这样的伦理性相遇。然而，我们也不认为伦理学只局限于列维纳斯所举的例子中。同样，一种伦理性的相遇可以改变“我”特定的存在方式，在列维纳斯看来，他者的召唤使“我”对他者负责，这种责任要求“我竭尽所能地”去赠予。然而，伦理的回应不仅仅表现为一种责任，它也有可能表现为不打扰他者，让他者顺其自然；也有可能表现为和他者一起庆祝、一起抗议。

那有可能对“我”提出质疑的他者是谁呢？回答这一问题可能会比较困难。在我看来，这一问题要求一种审慎且宽仁的不可知论。一旦如此，我们会面临一个最大的难题，即我们如何从不可知论的角度来思考他异性问题？从这个意义上说来，难道他者不能有无限的可能性吗？我们是否可以不对它进行任何先验的限定？它是否可以采取一切的形式？我们知道，面对“他者是谁”这一问题，列维纳斯多数情况下给出的答案是“人类”。然而有时他会在这个问题上含糊其辞、模棱两可，这一点促使我们去关注和探究人类之外的其他他者。这一探究会走多远呢？当代的伦理学家们在确定“道德可考量性”的标准时，已经详尽地探讨过这一问题。“道德可考量性”的标准设定了诸多必要条件和充分条件。他们认为，只有满足这些条件的存在者才是值得尊重的。①近年来，一些女性主义者、动物伦理学家以及环境伦理学家对“道德可考量性”的传统概念提出了质疑。针对这种状况，道德哲学家们力图更为严谨地来设定“道德可考量性”的标准。他们在一切可能的层面上设定标准、划分界限，其中包括：具有道德责任感的存在者，有意识的人类和动物、作为生命之主体的人类和动物，所有的生物体、能够建立互相关怀之关系的存在者，生态系统，甚至仅仅是存在。这些都被他们用作“道德可考量性”的标准，然而这些都是有关“道德可考量性”的一元论理论。近来，理论界出现了一种关于多重标准的观点，它尝试与“道德可考量性”的理论相结合，试图将这些标准中的最强大要素聚集起来，并将之融入一种多元的理论框架中。② 在我看来，“他者是谁”这一问题要求一种严谨的、宽仁的不可知论。诚然，人们对“道德可考量性”之标准的探讨有其重要价值。它可以帮助我们回答如下问题，即某些特定的存在者（个体的标准）或相互作用的关系网络（整体的标准）是怎样在伦理上要求我们的？我们为何要关注某些存在者、某些关系？然而，我们也应该看到，道德关怀的研究方法存在一

---

① 肯尼斯·古德帕斯特：《论在道德层面值得考虑的存在》（Kenneth E. Goodpaster, “On Being Morally Considerable,” *Journal of Philosophy* 75, [1978]: 308-325.）

② 玛丽·安妮·沃伦：《道德地位：论对人类以及其他生物的义务》（Mary Anne Warren, *Moral Status: Obligations to Persons and Other Living Things*, Oxford: Oxford University Press, 1997.）

些根本性的错误，例如这种方法认为“道德关怀”问题可以有一个最终的答案。我们说伦理学源自“我”与他者的一场相遇。在这场相遇中，他者不能被简化为“我”利己主义的欲求，不能被简化为“我”的认知目标，他者是不可预料的。既然如此，我们怎么可能会一劳永逸地解答“道德关怀”问题呢？怎么可能给它一个最终的答案呢？在这种伦理性相遇之前，我们有什么权利来确定他者的身份？列维纳斯说“我不知道你在什么时刻才有权利被称为‘面孔’”，我们应该认真思考这句话的深刻含义。

如果我们不知道到底谁才拥有“面孔”，不知道“道德可考量性”的范围，那么我们必须要从这样一种可能性出发来思考问题，即所有事物都可能拥有“面孔”。我们必须要将这种可能性保持敞开。人们势必认为我的观点可能会导致荒谬的后果。他们会反驳说，某些和人类“相像”的“高等”动物，它们具有复杂的认知功能和情感功能，因此有可能在伦理上要求我们，这一点是合乎情理的。然而我们也要因此认为“低等”动物、昆虫、灰尘、头发、指甲、生态系统等都可以在伦理上要求我们吗？无疑，这类论证方式是一种归谬法。为了回应这样一种指责，我建议人们去接纳批评家们所认为的那些谬论。人们尝试去改变或扩大“道德关怀”的范围，然而这种尝试最初都会被那些固守于常识的人斥为谬论。一切名副其实的思想，尤其是伦理学思想，其理论的出发点都是对常识、既定的观念进行批判。伦理学要求我们去思考那些荒谬的、前所未闻的想法。

难道伦理学本身不就是一项荒谬的事业吗？难道它不是受一种不合逻辑的逻辑支配吗？难道是理性开启了一次伦理性的相遇吗？是理性说服“我”放弃利己主义吗？列维纳斯告诉我们，伦理学的开启超出了理性的范围。伦理学不是种种“为人们所普遍接受”的意识，这恰恰是因为它超越了所有合乎理性的责任概念。此外，归谬法有其两面性，我们可以反过来问：人们认为有一种理性或客观的方法来确定道德关怀的范围，然而得出这样的结论是否合理呢？人们试图在“道德可考量性”层面上设定标准、划分界限，然而这种方法最后都经不起检验。我们对这些失败经验的大量历史性考察都表明，这种方法在道德层面及政治层面上都影响恶劣。

托马斯·伯奇在《道德可考量性以及普遍的关怀》一文中也提出相似的观点。在他看来，有关“道德可考量性”的争论存在诸多问题。① “从历史的角度来看，我们总是倾

---

① 托马斯·伯奇：《道德可考量性以及普遍的关怀》（Thomas Birch, “Moral Considerability and Universal Consideration,” *Environmental Ethics* 15, [1993]: 313-332.）文中简写为 *MC*。理论界围绕着这篇章发起了一场激烈的辩论，可参见 Anthony Weston, “Universal Consideration as Originary Practice,” (*Environmental Ethics* 20 [1998]: 279-289); Jim Cheney, “Universal Consideration: An Epistemological Map of the Terrain,” (*Environmental Ethics* 20 [1998]: 265-277); Tim Hayward, “Universal Consideration as a Deontological Principle: A Critique of Birch,” (*Environmental Ethics* 18 [1996]: 55-64).

向于制定一些实用的标准来终结对‘道德可考量性’问题的探讨，然而随即我们便发现这样的做法其实是错误的。我们不得不重新对这一问题进行探讨，并在此基础上改革我们的实践，使其具有伦理性。”（*MC*，321）托马斯·伯奇从历史中借鉴经验、吸取教训，他得出的结论与列维纳斯的思想形成了呼应。在他看来，“他者是谁，谁有可能在伦理上要求我，谁又在道德上值得我们去关怀”这些问题都是不能确定的。我们必须从一种宽仁的不可知论出发来思考问题：一方面，若不采取这种思维方式，我们势必会犯错误——理性或现象学无法克服我们的有限性，也无法超越我们特定的历史处境；另一方面，若不采取这种思维方式，便会产生严重的政治后果——那些被放逐到道德关怀范围之外的存在者遭到了惨绝人寰的虐待和滥用，我们为这些虐待和滥用创造了诸多可能性条件。伯奇解释道，人们通常认为在“道德可考量性”方面应该有内部和外部之分，而这便是道德理论与实践的症结所在。

> （道德理论和实践的）前提条件是：（1）“道德可考量性”问题存在（也应当存在）内部和外部、公民和非公民（奴隶、蛮夷、妇女等）之间的区分，存在“应予以考虑”的“成员”与“非成员”之间的对立。（2）我们可以（且应该）识别出内部“成员”的标记性特征。（3）我们能够以一种理性的、非武断的方式

> 来识别它们。(4) 为了使内部“成员”的利益最大化，我们应该着手实践，强调“成员”的标记性特征，增强内部的完整性。
>
> (*MC*, 315)

这些前提条件带有非伦理的色彩，不仅如此，它们还暴露出霸权主义的性质。人类所犯下的一些严重暴行便是以这些前提条件为根据，我们有必要对这种伦理学进行反思。我们应该将谁排除在外？应该将谁包含其中？我所关注的范围如何？谁拥有面孔？谁又没有面孔？在处理这些问题时，伦理的经验是否允许这样一种整齐划一的区分方式呢？对于这些问题，我们目前还没有明确的答案。这难道不是列维纳斯思想的精髓所在吗？列维纳斯的思想中有两点值得我们关注：其一，伦理经验恰恰发生在现象学被中断的地方；其二，伦理经验是创伤性的，不容易被思想所捕获。鉴于伦理经验的历时性结构，我们充其量只能采取主观武断的形式对其进行部分重构。这就要求我们将这种重构无限进行下去，就像我们会遗漏或曲解他者的踪迹一样。

在“道德可考量性”问题上，我们不要试图去制定某种或某些明确的标准。或许我们应该跟随伯奇的步伐，从“普遍的关怀”这一概念出发，认真思考我们在回答“到底谁拥有面孔”这一问题时的不可靠性。“普遍的关怀”需要我们在伦理层面上去关注和思考一种可能性：一切事物都可能具有面孔。人们在探讨“道德关怀”问题时所得出的诸多结论构成了当今道德思考的总体轮廓。而“普遍的关怀”这一概念要求我们对这些既定的结论采取一种怀疑和批判的态度。如伯奇所说，“普遍的关怀”指的是“给他者一个展示其自身价值的机会，并给自己一个机会去领会他者的价值。我们不能对他者怀有敌意，不能认为他者只具有某些消极的价值。人们通常在他者证明自身具有某些积极价值时，才消除对他者的敌意，然而这样做是不对的”（*MC*，328）。

“普遍的关怀”这一概念并不试图推定所有的事物或所有的生命形式都可以成为伦理的他者，也并不试图解答各种存在者或关系结构是如何被视为他者的问题。在这些问题上，“普遍关怀”的伦理学要求我们不给予确定的答案，而将之保持在一种悬而未决的状态之中，这一点值得我们注意。人们试图用列维纳斯的思想来探究动物伦理学以及环境伦理学思想，然而在解答“到底谁拥有面孔”这一问题时，他们又大都忽视了列维纳斯的不可知论思想。他们试图在动物或环境的痛苦和灾难与人类的痛苦之间建立一种同源关系，并提出一种伦理延伸主义的观点。这种观点基于一种同理类推，将伦理关怀的范围从人类领域扩展至非人类领域。我在一定程度上认同这种方法，然而我们更要谨慎地去审视这些结论，因为它们在解答某些问题（谁拥有面孔？一种伦理性的中断是如何发生的？）时总是倾向于给出一个明确的答案，而取消了其他的可能性。

我主张审慎地反思现有的伦理命题和结论，然而吊诡的是，为何我一直在讨论动物的伦理呢？和人类、生命等概念一样，“动物”这一术语也是有待讨论的。为何我只探讨动物呢，而不扩大探讨的范围呢？如果我们认真对待“普遍的关怀”这一概念，那么我们又何苦去命名他者呢？对这些问题的简短回答是：我们有必要冒这样的风险。我会在下文中对此进行解释。当代伦理话语和实践总是在一系列话语语境和信念中产生的，然而这些话语和信念总是将动物的利益排除在道德和政治“可考量性”的范围之外。为了对现有的事物秩序提出质疑，我们有必要采纳伦理话语目前所使用的术语，并在此基础上对其进行改造。我之所以对动物问题特别关注，是出于以下几个原因：

1. 形而上学人类中心主义的策略性瓦解。当今思想的一个主要症结是“形而上学的人类中心主义”，人们倾向于用一种对立和等级区分的方式来规定非人类生命，非人类生命成了与人类相对的存在。这一问题在我们思考人与动物之区别时表现得最为明显。我们要思索人类与诸多事物之间的关系，如人与机器、人与神、人与环境等，然而与这些相比，人与动物之界线的模糊才是人类巨大焦虑感的根源所在。随着动物知识的不断增长，人类越来越了解动物，然而这种了解很有可能模糊甚至消除人与动物之间的界线。动物问题方面的人类中心主义日渐瓦解了，其他知识领域的人类中心主义也随之遭到质疑。在这个意义上说，如果我们要建构一种有关人类生命和非人类生命的思想（这种别样的思想无意于从“人类”以及“人类”他者的角度来思考问题，它致力于摒弃人类中心主义），那么动物问题乃是必经之地。

2. 动物的他异性。有关动物问题的哲学话语（包括列维纳斯的思想在内）大都带有简化主义和本质主义的特征。哲学家们通常将所有非人类的动物归属于同一范畴，在他们看来，动物缺乏一些基本的人类特征，如语言、死亡的概念、道德责任等。这种方法不仅掩盖了动物之间的巨大差异，还虚构了人类与动物之间的诸多非本质性差异。传统哲学很少关注动物问题。我们要认真关注人类与动物之互动的伦理维度，这能够使我们更为审慎地思考动物问题。在此过程中，我们遭遇到动物的独特性和他异性。动物通常被人类置于某些范畴之中，然而如若我们仔细观察便会发现，它们所表现出来的特征并不符合这些范畴。从实证层面上说，我们不知道动物可以做什么；从本体论层面上说，我们不知道它们可能会变成什么。因此，动物不能被“概念化”捕获。正是因为这一概念化进程的瓦解，动物带有伦理色彩的他异性才涌现出来。

3. 重构动物问题与环境问题之间的关系。从历史角度来看，动物伦理学与其他形式的伦理学（这些伦理学超越了人类的范畴）之间存在分歧，尤其与环境伦理学完全相左。动物伦理学家们将自己标榜为个人主义者，而环境伦理学则主要从整体（或关系）入手来探讨相关问题。两大阵营各执一词、针锋相对。这种争执导致它们在理论和实践上都存在严重的分歧。然而，如果我们采纳（本文提出的）新列维纳斯主义的方法来解决动物伦理问题的话，动物伦理学与环境伦理学之间的关系可以从一种崭新的视角得到重构。于是，动物伦理成了思考伦理学的一种方式，它十分关注以下两个问题，即动物如何可能在伦理层面要求我们；如果我们对这些要求进行回应的话，则会出现怎样的结果。非人类的存在者、其他种类的系统或关系结构可能会在伦理层面上要求我们，我们不能排除这样的可能性。原则上说来，“普遍关怀”的伦理学框架允许有这种可能性的发生。因此，动物伦理学和环境伦理学并不是相互对立的。我们可以将它们看作是伦理探索和实践的两种形式——虽截然不同却可以相互补充。它们都力图对人类中心主义的局限性提出质疑。

4. 动物自身的境况。考虑到许多动物的生存现状，动物问题显得尤为紧迫，这一点是不言而喻的，也是值得强调的。在人类的历史上从未有这么多的动物像今天一样被屠杀和滥用，动物艰难的生存条件超乎我们的想象。许多动物目前的生存境况有其独特的历史，我们需要对其进行材料上的分析和本体论上的探讨。我们需要关注这一历史的独特性，因为只有这样，才能认识到今后应如何去改变它。我们可以将征服动物的历史与其他相关形式的压迫史并置在一起进行思考。其实，在生态女性主义者的著作中，在动物权利理论家的文本里，这样的例子屡见不鲜。笔者对这些研究方法持赞同的态度，本文便秉承了这些研究方法的内在精神。然而与此同时，我还要强调一点，即动物问题不能完全被简化为（或等同于）人类反抗压迫的斗争。诚然，动物的压迫史和其他形式的人类压迫史在统治逻辑上有某些重合之处，然而，它们之间也存在一些差异。不管是重合之处还是差异之处，两者对思想和实践都同样重要。我们经常在餐桌上、在纪录屠宰场的地下影像资料中看到动物们的悲惨命运。我们要关注这些遭受痛苦的动物形象。此外，我们还需要特别关注动物反抗人类统治的独特方式，虽然它们的反抗大多以失败告终。那逃脱了马戏团监禁的大象；那逃出了屠宰场的猪，它在大街上自由奔跑，直到被警察射杀；那相互保护着彼此、防止被鱼叉所捕获的鲸鱼们；那咬伤驯兽师的狮子；那袭击实验科学家的黑猩猩；那拒绝被人类统治和操纵的流浪猫；还有那只名叫“鲍比”的狗，它“在集中营附近的几块野地里”生存，虽然困难重重，但最终活了下来。这些

> 动物反抗者的形象应当和遭受痛苦的动物形象一样居于动物伦理的核心位置。

我在上文中提到，通常意义上的列维纳斯伦理学方法，是针对“谁拥有面孔”这一问题，为伦理学设定一个或多个标准。然而本文所勾画的动物伦理学方法明显不同于这一方式，因为它并不为伦理学设定标准。因此，本文所推崇的动物伦理学可以被视为“一次冒险”，有似于列维纳斯在《另类存在：或超越本质》一书中所说的“值得一试的冒险”。集中探讨动物问题是一场冒险，即便这个焦点是开放的、不可知论的；集中探讨动物反抗的独特历史是一场冒险，即便人们将这一历史与其他反抗压迫的历史结合起来探讨。我们不能保证我们所使用的这些方法是正确的，我们也不能保证这一方法会带来我们所期待的变革性影响。然而，正是这些冒险构成了哲学的行动。这些是“值得一试的冒险”，以“动物他者”的名义而进行的冒险。正是这些冒险可以让我们真实地描绘那些被称之为“动物”的存在者，也正是这些冒险可以让我们全面地了解动物的独特性。

第三章
摧毁人类学机器——阿甘本

导　言

近期，吉奥乔·阿甘本开始探究动物问题，而在此之前，他并未明确探讨过这一问题。与海德格尔、列维纳斯一样，阿甘本早年关注的问题是拆解掉人类的主体性以后，人类的“正当性”还剩下些什么。在20世纪70年代至90年代的作品里，他详尽地阐述了人之为人的原因，这些阐释复杂难懂且又惹人争议。他试图成为一名真正的后形而上学者和后人本主义者，这一点也与海德格尔、列维纳斯相同。然而，数十年过去了，阿甘本越来越清楚地认识到，旨在规定人之构成的哲学方案从根本上来说在本体论方面已经彻底破产了，在政治方面也有极大的危害。2002年，阿甘本开始关注动物问题，并出版了《敞开：人与动物》（*The Open: Man and Animal*）一书，在此书中，他不再试图对人类进行后形而上学式的规定。在阿甘本看来，人与动物之间的区别是西方政治和形而上学思想的根基所在，而对这一区别的依赖是建构后形而上学概念（如关系、共同体）的主要障碍。在本章中，我要深入分析阿甘本的著作，探寻他动物思想的形成轨迹：他最初致力于探讨人与动物之间的区别，尔后逐渐摒弃了这种思想。我会重点分析他近期探讨动物问题的一些文本，审视他的动物思想。

语言与死亡的边界

阿甘本深受海德格尔的影响，他沿着海德格尔的思想轨迹展开哲学探讨。同海德格尔一样，阿甘本也认为西方形而上学传统是一种虚无主义。他也认同海德格尔的如下观点，即虚无主义的根基就在人们对人类主体性的某一特定阐释中（这种阐释方式在西方形而上学传统中居主导地位）。然而，与此同时，阿甘本认为，海德格尔的思想存在着严重的局限性，无法超越形而上学传统来思考问题。尤其重要的是，海德格尔试图与形而上学传统划清界限，但他并没有从“非否定”的角度来思考人类以及语言的根基（换言之，没有向人类和语言敞开），因此他仍然与形而上学传统牢牢绑缚在一起。鉴于海德格尔哲学以及形而上学传统的局限性，阿甘本决定对两者进行挑战。他早期的很多文本，都致力于超越海德格尔以及形而上学传统的否定性特征来思考人类的根基。在这些作品中，他的总体目标是“寻找一种没有预设任何否定性根基的言说经验”。①他在“infancy”概念（由拉丁词 infari、infans 演化而来，意思是不说话的存在）中找到了人之为人的这一非否定性（或肯定性）根基，而这反过来又通向了“人类”的概念，即人类从根本上来说是伦理和政治的存在。

阿甘本多次援引亚里士多德《政治学》中的一段话（出自第一卷，第二部分）。在这段话中，亚里士多德阐明了人类语言与社会政治生活之间的关系，这是形而上学传统在这一方面的最初尝试：

> 显然，与蜜蜂或其他群居动物相比，人更是一种政治的动物。一如我们所言，自然从来不做徒劳的事情，人是唯一拥有语言的动物。声音可用来表达快乐或者苦痛，其他动物也有声音（因为它们的天性就是感知苦乐，并将这些情绪传达给他者，除此之外，别无其他），然而，语言能阐明利弊，陈述正义和不义。人的独特之处在于，只有人才具有善恶感，具有正义和不义等感

---

① 乔治·阿甘本：《语言与死亡：否定性的场所》（*Language and Death: The Place of Negativity*, trans Karen E. Pinkus with Michael Hardt, Minneapolis: University of Minnesota Press, 1991），第 53 页。

觉。这类生物结合在一起就组成了家庭和城邦。①

此处，亚里士多德指出，人类语言与政治之间有着千丝万缕的联系。他在暗示，人可以对伦理、社会等事务做出清晰判断，这种能力对城邦的建构来说至关重要。令阿甘本感兴趣的是这段话中未曾说明的东西：到底是人类身上的何种东西使他们能够言说，并在这方面与动物大相径庭？亚里士多德为何没有思考从动物声音向人类语言的过渡空间？

阿甘本在其早期作品《语言与死亡》（*Language and Death*）中提出了一系列新颖的观点。他指出，整个形而上学传统的历史并未充分回答上述这些问题，即便对这些问题有过探讨，人类语言和社会生活的基础仍然深陷于晦暗与否定。亚里士多德指出，人类语言与政治生活之间有着紧密的联系，然而这一联系是形而上学的，其基础从未得到严密的论证。阿甘本认为，恰恰是因为人们没有认真思考过这一联系的基础，才导致形而上学的虚无主义倾向。

人们认为，动物的声音是一种本能的符码，而人类的语言连贯清晰，且富有创造性，是递归式的语言。在动物声音与人类语言之间存在一个过渡“地带”，但如若要具体说出这一地带的性质，则是一件非常困难的事情。阿甘本认为，

---

① 亚里士多德：《政治学》（*The Politics*, ed. Stephen Everson, Cambridge: Cambridge University Press, 1996），第1253页。

形而上学传统更倾向于将这一过渡地带看作是一个不可言说的神秘场所，人类在其中遇到一个神秘莫测的“声音”，这个神秘的声音保证了从动物性到人性的过渡，使声音和语言之间的天堑（a-poria）变成通途（eu-poria）。它具有否定的特征，既不再是动物的符码，但又还未成为人类的语言。它曾出现在形而上学传统中的多种哲学范式里：从中世纪思想到现代性以及黑格尔哲学。阿甘本认为，虽说形而上学的历史复杂多变，但从本质上来说有一个要素始终是相同的，即形而上学传统总是从非肯定的（换言之，不可言说、神秘莫测、否定等）角度来思考人类语言出现的可能性条件。海德格尔可谓是最卓越的后形而上学思想家，然而即使是他也难以摆脱形而上学传统。诚然，海德格尔不再考虑动物性与人类本质之间的任何关联，因此也没有必要解释从声音飞跃到语言的原因。然而，当他试图阐明人类语言和有限性（以及向人类语言和有限性敞开）的独特经验时，他仍然受到声音和否定性等主题（主要表现为过于神秘和“缄默”的良知之声）的困扰。

因此，海德格尔以及形而上学传统都不能从肯定的角度来思考人的社会性（亚里士多德暗示，人的社会性与语言的能力之间关系密切）。在语言与政治之间、在语言的敞开与他异性（文化、历史等）的有限敞开之间有着紧密的联系，而这种联系是否定性的，它是形而上学的根基，前人未曾对它进行思考。形而上学是一种虚无主义，但并非尼采意义上的文化堕落，也并非海德格尔意义上的对存在之遗忘，它源自对人类政治和社会“习惯”的遗忘和遮蔽。这种虚无主义与菲利普·拉库-拉巴特和让-吕克·南希所说的“政治的回撤”相一致，所谓“政治的回撤”，即向源头的回撤，向孕育“政治”之思想的撤退。阿甘本认为，只有“清算”形而上学的神秘主义和否定性，思想才能恰如其分地阐明语言与政治的本质联系。在这种情况下，思想须关注人类的幼年，这也是阿甘本在《幼年与历史》一书中所从事的研究。①

在《幼年与历史》一书中，阿甘本通过审视人类主体性的诸多现代理论来把握幼年这一概念。阿甘本指出，这些现代理论并不太关注主体性与政治之间的关联（亚里士多德以及传统形而上学则经常提及），而更倾向于用认识论和绝对化的方法来理解人类的独特性和优越性，因此，现代理论更不会尝试从人类的核心来揭示社会性的踪迹（即探讨主体性和社会性的关联）。现代思想家笛卡尔和康德（以及胡塞尔等）都是在准唯我论、前社会性以及前语言的空间里探寻主体性，这一空间纯洁无瑕，没有受到历史或社会等诸多力量的沾染，且与这些力量之间是断裂的。然而，这种方式无法充分地阐释如下问题：主体间性的确切性质是什么？人类

---

① 乔治·阿甘本：《幼年与历史：论经验的毁灭》（*Infancy and History: essays on the Destruction of Experience*, trans. Liz Heron, London: Verso, 1993）。

主体介入历史、文化、生物学等诸多力量的方式是什么？阿甘本并不认同主体性、主体间性等现代观念，和海德格尔主义者以及后结构主义者一样，他认为并不存在一个纯洁无瑕的主体性空间。主体总是要介入到他异性之中，它自身充满着他异性——这种他异性以社会、语言、生物以及历史文化等诸多力量的形式展现出来。

为了完善自己的观点，阿甘本求助于本维尼斯特的语言学理论。本维尼斯特认为，对“自我”或者主体而言，并不存在一个心理或者生理层面上的实体。换言之，“自我”是非物质的，它指的是表达自我的话语行为。“自我”只有在说话时才具有现实性。本维尼斯特的语言理论可以概括为一句话，即言说“自我”的主体唯有在语言中呈现，并不存在语言之外的主体。现代认识论的典型目标是在语言、文化和历史之外确定主体和认识论的根基，但从本维尼斯特的角度来看，这一目标从先验层面上讲是不可能的。没有语言，就没有自我；有自我的地方，就总是有语言。①

一些理论家妄图将主体性等概念从语言简化主义和唯心主义中拯救出来，他们亦希望超越语言层面来揭示主体。假如“自我”与语言在时空上相互重叠，那么人类主体和他

---

① 埃米尔·本维尼斯特：《普通语言学问题》（*Problems in General Linguistics*, trans. Mary Elizabeth Meek, Coral Gables, Fla.: University of Miami Press, 1971）。

的语言环境之间就不存在断裂，也就没有人类的历史、文化或者他异性。换而言之，如果人类的“自我”与其语言完全同一的话，那么使用语言的人类就如“水在水中”一般。乔治·巴塔耶曾用“水在水中”这一措辞来形容动物与世界的关系，他认为，动物性的特征是在本能和自然的环境中保持一种完整的内在性。①海德格尔也持相似的观点，他认为动物全然迷醉于其所在的环境中。如若人类与其所使用的语言紧密地绑缚在一起，这便意味着人类与动物是不可能存在裂隙的，难道不是吗？西方的哲学传统认为，人类与动物本能的公然决裂是从语言的习得开始的。动物没有语言，它们不能脱离本能而存在，不能与周围的环境决裂，用海德格尔的话来说，没有语言就意味着在本质上缺乏对有限的超越性。然而，这些已普遍为人接受的答案只能使人们陷入绝境。如果语言与人类主体性的建构密切相连，就会出现这样的后果：要么是由语言来规定主体（此时，主体是从外部获得语言，因此，语言也是从外部来建构和规定其“主体性”）；要么是语言与主体完全同一（此时，语言是与生俱来的，由此，人类的语言与动物的符码并无二致），但无论是哪一种理解都很难将人与动物区分开来。

和前人一样，阿甘本认同人与动物在语言方面存在断

① 乔治·巴塔耶：《宗教理论》（*Theory of Religion*, trans. Robert Hurley, New York: Zone Books, 1989），第19页。

裂，然而他并不认为动物完全没有语言，人与动物之间的断裂就存在于语言内部。他指出，人类处于语言之中，而语言自身是分裂的，人类的“命运”就在这一分裂之中不停穿梭。此处阿甘本所谓的“语言的分裂”即是他在《语言与死亡》中所说的动物符码与人类话语之间的分裂，或用本维尼斯特的术语说，符号和语义之间的分裂。人们常常认为动物的符码不能算作是严格意义上的语言，但是阿甘本（与本维尼斯特和当代符号学理论保持一致）坚持认为动物的交流完全可以算作是语言。从这一角度来说，动物和人类一样，全然是语言的存在，“语言”无法将人与动物区分开来。人类和动物在语言方面也存在差异：动物与其所使用的语言同一，它们完全沉浸于语言之中，人类则不然。“语言”中的动物跟“环境”中的动物一样，都是“水在水中”，借用阿甘本的话，即：

> 西方形而上学传统将人看作是会说话的动物，然而就大体而论，将人类与其他生物区分开来的并非是语言，而是语言与说话表达、符号与语义（本维尼斯特意义上）、符号系统与话语之间的分裂。实际上，动物也有语言，它们一直并全然就是语言本身……动物不需要进入语言之中，因为他们已然身在其中。①

① 乔治·阿甘本：《幼年与历史》，第51-52页。

因此,“拥有语言”这一点未能表明人的独特性。按照阿甘本的说法,人的独特性就在于他们丧失了语言(此处的语言即以言语表达),因此不得不在他们自身之外接受它。幼年期指的就是在语言(language)之中但在话语(discourse)之外的人之境况,话语之中的人类与语言之中的动物截然不同,从根本上讲,正是因为人类丧失了语言,正是因为有幼年期,才使得人类向他异性(诸如文化、历史和政治)敞开。

如本章开头所述,阿甘本早期作品的主要目标是从非否定、非虚无主义的角度来思考丧失与幼年的关系结构。他认为,西方形而上学倾向于从否定和神秘的角度来思考人之基础,而当代的虚无主义正发源于此。阿甘本的观点在很多方面让人信服,然而在不加批判地接受它之前,我们十分有必要对之所依赖的诸多假设进行审视。首先,阿甘本继承了海德格尔的思想,假定历史性(向历史的敞开)是人类所独有的特征,照此而论,历史以及从之产生的文化、政治等为人类所专有。然而今时今日,人们已经可以提出比阿甘本写作《幼年与历史》的时期(20 世纪 70 年代末期)更加显而易见的实证理由来质疑这一假设。事实上,阿甘本在当时似乎也意识到,一些实证科学证据暗示了动物也存在一个与人类相似的幼年时期,这使得他对人类幼年的评论变得复杂化了,因为并非所有的动物物种“一直并完全”在语言之中。

阿甘本在近期评论威廉·索伯（William Thrope）文章中提醒人们关注如下事实：一些鸟类要经过学习才能获取它们的“符码”，可见“符码”并非全然是与生俱来的，这也同样适用于其他动物物种。此外，如果我们在非人类中、在语言之外的场所来探寻“历史性”的迹象（我们总是用一种字面化和简化的方式来理解语言，并由此来审视历史性问题，这是西方逻各斯中心主义传统的另一个局限性所在），很显然我们可以在大范围的动物物种中发现历史性（文化、政治）的行为和特征。①第二个假设源自第一个假设，它认为政治思想可以而且应该仅限于人类。阿甘本认为，非人类的动物中没有政治（这一观点源于《幼年与历史》一书中的论证，并在多个文本中均有提及），如果动物在人类政治生活中确实发挥作用的话，那么它到底发挥了多大作用呢？目前人们对这一点还不清楚。阿甘本的早期作品建基于一个观点：将人类置于政治的中心位置，相应地将其他物种暂时悬置。他的中期著作仍然延续这一思想脉络。然而，他的近期著作却发生了思想的转向，他强调，我们要摒弃上述有关动

---

① 有关这一主题的科学文献数量颇丰，推荐一本十分受用的入门读物《动物的社会复杂性：智力、文化以及个体化社会》（Frans B. M. de Waal and Peter L. Tyack, eds., *Animal Social Complexity: Intelligence, Culture, and Individualized Societies* Cambridge, Mass.: Harvard University Press, 2003.）

物政治和历史性的假设以及这些假设的根基——人与动物的二元对立和断裂性等。

让我们回到阿甘本的文本中，继续探寻阿甘本论述动物问题（以及人与动物之区别）的思想发展轨迹。八十年代后期至九十年代中早期，阿甘本不再尝试对语言的伦理政治前提进行阐释，他开始勾勒与这些前提相符的现实政治轮廓和共同体概念。他试图以“任何独特性”以及“没有任何正当性的存在者”为基础来建构一种非本质主义的共同体概念。①他延续了早期作品中的思想，认为政治的场所使人与动物性之间发生决裂。1995年，阿甘本在《脸》一文中用“暴露”这一主题来命名人与人之间的关联性场所，这一场所先于语言，并只向人类敞开：

> “暴露”是政治的场所。如果不存在动物政治的话，或许是因为动物从来都是敞开的，从不试图控制自己的暴露。它们生活在暴露之中，但从不在意它。正是由于这个原因，动物对镜子、作为镜像的镜像不感兴趣。相反，人类将影像与事物分隔开来，并为影像命

---

① 参见乔治·阿甘本：《未来的共同体》（*The Coming Community*, trans. Michael Hardt, Minneapolis: University of Minnesota Press, 1993.）

名，这是因为人类想认出自己，想把握自己的表象。由此，人类将敞开变成一个世界、一个战场，他们在这个战场上进行着无情的政治斗争。这场斗争以真理为目标，可称之为历史。①

阿甘本的这段话包含了我们在海德格尔与列维纳斯的动物话语中所看到的所有独断式思考：人与动物的简单区分；对动物的实证知识缺乏关注（在这里，阿甘本断言动物“对镜子不感兴趣”，然而实证科学证明了这一观点是错误的②）；对人与语言、历史之间的独特关系问题始终不乏关注——人类独特存在范式的根基问题仿佛成了哲学思想唯一重要（或者说首要）的事情。

在这一时期，阿甘本并未摆脱人类中心主义的思想框架，他的哲学概念（如“潜能”“不可修补者”等）以及他

① 乔治·阿甘本：《无目的的手段：政治学笔记》（*Means Without End*：*Notes on Politics*，Minneapolis：University of Minnesota Press，2000），第92页。阿甘本在《未来的共同体》中阐释了“不可修补者”概念，在此过程中，他也曾论述过政治中的人类例外论，参见第92页。

② 很多动物都对镜子感兴趣，其中有很多还通过了高尔顿·盖洛普二世（Gordon G. Gallup Jr.）的镜子测试，可参见《动物认知：动物的精神生活》（Clive D. L. Wynne. *Animal Cognition*：*The Mental Lives of Animals*，New York：Palgrave，2001）一书。

对政治难民的探讨带有人类中心主义色彩。这些著作的可贵之处在于它们对一切简化的新人本主义提出了质疑。如果人们想从反人本主义角度来深化对人类主体性的批判，阅读阿甘本此时期的著作定会颇有助益。然而，与海德格尔、列维纳斯一样，阿甘本似乎也未能够将人本主义批判与人类中心主义问题联系起来。由是观之，虽然阿甘本对新人本主义思想保持了批判性的警惕，然而他并未关注人们对动物生命的人类中心主义规定。

九十年代中期，阿甘本开始关注人类内部“赤裸生命”（bare life）的被隔离境况，思索这种境况与主权、法律以及国家之间的联系。随着探讨的逐渐深入，动物问题不断搅扰阿甘本的思绪，频繁进入他的文本世界。因此，我们在《牲人》中看到，阿甘本通过阐释“狼人”这一文学主题来说明主权禁令的逻辑。狼人既非人也非动物，游走于人与动物的边缘，标识着主权保护的建构性外界。①在《牲人》的续篇《奥斯威辛的剩余》中，阿甘本探讨了“穆斯林”（der

---

① 乔治·阿甘本：《牲人：主权与赤裸生命》（*Homo Sacer*: *Sovereign Power and Bare Life*, trans. Daniel Heller-Roazen, Stanford, Calif.: Stanford University Press, 1998），第104-111页。

Muselmann)① 这一独特形象，它在阿甘本的后奥斯威辛伦理学中至关重要。他们既在法律之内，又在法律之外。②动物在现代生命政治中的地位如何？人与动物之区别是怎样在主权逻辑中运作的？尽管在这些文本里，阿甘本还不能对这些问题做全面分析，但他已经看到了思考这些问题的必要性。

---

① 在《奥斯威辛的剩余》中，阿甘本指出，纳粹德国通过宣布例外状态剥夺了犹太人的公民资格，使他们沦为“赤裸生命”。关于“der Muselmann”一词的起源，大体有两种不同的解释。第一，奥斯威辛集中营的“der Muselmann”是丧失了求生意志的人，是绝对的宿命论者（men of unconditional fatalism）。第二种解释来自《犹太百科全书》，书中如此解释这个词：“‘der Muselmann’主要在奥斯威辛集中营使用。该词似乎最初用来形容某些被放逐者的典型姿势，即蜷缩在地上，以东方人的姿态弯曲双腿，表情像面具一样冰冷僵硬。”参见 Giorgio Agamben, *Remnants of Auschwitz: The Witness and the Archive*, trans. Daniel Heller-Roazen, New York: Zone Books, 1999, 45. ——译者注

② 乔治·阿甘本：《奥斯威辛的剩余：见证与档案》(*Remnants of Auschwitz: The Witness and the Archive*, trans. Daniel Heller-Roazen, New York: Zone Books, 1999)。

与人类中心主义决裂

《敞开：人与动物》是阿甘本的新近著作，它更为详尽地探讨了动物问题。这在一定程度上弥补了前文所提到的不足之处，本章的剩余部分将重点探讨这部著作。[①] 在本书中，阿甘本重点探讨人与动物之区别的问题，在他看来，这个问题在当代政治思想中至关重要。书中，阿甘本写道：

> 如果人一向是永无止境的区分和中断之所在，同时又是这些区分和中断的结果，那么，人到底是什么呢？因此，我们更应该对这些区分进行探讨，思考人类是怎样——在人类内部——将自身与非人、动物区分开来的，而不是急于在所谓人权和价值观等重大问题上表明立场。
>
> （*O*，16）

这段话表明了阿甘本坚定的反人本主义立场，他在许多文本中都阐明了自己的这一立场。阿甘本认为，我们应首先

---

① 乔治·阿甘本：《敞开：人与动物》（*The Open*：*Man and Animal*，trans. Kevin Attell，Stanford，Calif.：Stanford University Press，2004），下面若有引文皆简称为 *O*。

对人本主义进行批判，全面权衡这一批判的影响，改变我们对“共同体”“与他者共在”等观念的理解，否则的话，探讨以人权为基础的政治学和伦理学是毫无意义的。人性与动物性之区别是人本主义的根基，如果不摆脱这一区别的逻辑和影响，根本就不可能产生真正意义上的后人本主义政治学。然而，眼下更为重要的问题并非是质疑人本主义。

我将对这一点做出解释，但在此之前，我认为有必要先单独探讨“人与动物的区别是如何在‘人之为人’的规定中运作的?”这一问题。然而，仅仅探讨这一问题并不足以对人类中心主义提出质疑。在阿甘本的多数文本中，他探讨的是人与动物的区别在“人类内部”的运作过程，这就限制了对这一问题的深入分析。在《牲人》系列的前几卷中，阿甘本对“人类生命内部”的“zoē”与“bios”① 进行了区分，却同时将动物生命与政治问题悬置了。如果阿甘本在《敞开》中仍致力于探讨“人类生命内部”的区分问题，那么这本书与此前的著作就没有多大区别了。若想深入阐述动

---

① 在《神圣人：至高权力与赤裸生命》中，阿甘本指出，古希腊人用两个词来表达“life”（生活，生命）之意义，即 zoē 和 bios，前者“表达了一切活着的存在（诸种动物、人，或神）所共通的一个简单事实——‘活着’”，后者则“指一个个体或一个群体的适当的生存形式或方式”。参见阿甘本：《神圣人：至高权力与赤裸生命》，导言，吴冠军译，2016 年版，北京：中央编译出版社，第 3 页。——译者注

物问题的哲学与政治意涵，那么以动物生命自身所特有的方式来建构一种本体论，并且要探索人类存在与动物存在之间的伦理政治关系则是十分必要的。

与欧陆哲学传统中的前辈们一样，阿甘本迟迟不愿从这种更为宏大的视角来探讨动物问题。但如果我们想建构一种真正意义上的后人本主义政治学，就必须关注动物问题，原因大致有两点。首先，对人本主义进行后人本主义式的批判并不意味着摒弃启蒙现代性的巨大成就，它是对人类主体性、对在人类主体形成过程中发挥作用的诸多物质性力量（如经济、历史、语言和社会等）的批判性审视，我们在前两章中对此有过论述。后尼采哲学以及后海德格尔哲学批判人本主义（很显然，阿甘本也属于这一脉络）的特点是探索“使主体向这些物质性力量敞开”的可能性条件。当我们说，主体是在语言或历史中（换言之，通过语言或历史）形成的，这意味着什么？主体须如何建构才能被自身之外的物质性力量所影响和改变？在解答这些问题时，有一点变得异常明晰，即产生人类主体性的这些前主体条件（海德格尔称之为“绽出”，南希认为是“敞露”，德里达称之为“剥夺-居有”或“去己-成己”，阿甘本认为是“暴露”）不能笼统地局限于人类之中。许多非人类动物的主体存在也是由暴露的不同结构组成，这使得那些有关人与动物之区别的程式化论述变得可疑。这是反人本主义最终还是要探讨非人类的动物这一宏大议题的首要原因。从“前主体”和“前人格化”的独特性角度来说，动物的敞露方式和人类的敞露方式是无法明确区分开来的。确切来说，人类与动物都被“抛入”一个由各种关系、生成和情动所构成的复杂网络中，我们面对的即是这一复杂网络。就这点而论，后人本主义须回归到第一哲学中去，建构一种有关生死的非人类中心主义本体论。我在第一章探讨德勒兹和加塔利动物思想的时候，曾经简单地提到这一主题。

后人本主义者们（如阿甘本）须阐释动物在他们思想中的地位，其第二个主要原因要从伦理政治层面来考量。显然，大多数后人本主义哲学家没有全盘接受那些广被认可的重要哲学理论，然而他们对人本主义的批判是出于一种伦理和政治的需要。许多后人本主义者认为，不论是虚无主义还是当今的重大政治灾难，都与人本主义密切相关——新人本主义者们通常将人本主义作为解决这些重大问题的方案。对后人本主义者来说，人本主义政治学的根基是人们对人类主体性的简单论述，单单依靠它根本就不能克服这些难题。若想克服这些难题，还需另觅良方。因此，大多数后人本主义哲学家都有一种共同的直觉和期待，即先建构一种关系本体论，并在此基础上建构一种破坏性较小且更持久的政治范式。在此，我们以列维纳斯的思想为例。我们通常认为列维纳斯是一个纯粹的伦理思想家，然而我们可以（甚至有必要）从政治角度来阅读他的著作，从他的思想中寻找应对某一政治问题的良策。列维纳斯指出，政治一旦脱离其伦理根基，遗忘了它作为他者之脸的回应的正当性和召唤，就会面临极大的危险。在他看来，政治应寻回其伦理根基，向人类他者保持一种“前主体性”的敞露，从而重振和激发现有政治范式（如自由民主制）。他认为，现有的政治范式虽然关注人类整体的福祉，但常常遗忘人类存在者个体，他们是不可笼统概括的，正是每个人类个体构成了政治机体。在前面的章节中，我曾说道：敞露中的伦理义务及责任不一定来自人类他者，因为非人类的动物以及其他非人类存在也同样具备“侵扰”和“要求”的潜能。因此，后人本主义政治若要从“敞露”出发来展开思索，就必须要承担一种对非人类的潜在责任，必须要扩展思考的范围，探索思想的未竟领域——而这些是现有政治范式所无法接受和容纳的。

近年来，后人本主义哲学家纷纷扩展思考范围，以宽仁的态度探讨动物问题。阿甘本在其早期著作中之所以并未持这种立场，是因为他深受海德格尔和本维尼斯特思想的影响，探究的是以人类主体性为基础的人际理论和元语言理论，这种理论过于狭隘。虽然他没有明确反对将伦理学和政治学观念延展至非人类生命领域，然而他也没有充分描绘这种伦理政治的可行性。

在某种意义上说，《敞开：人与动物》一书标志着阿甘本思想轨迹的断裂。早期阶段，他致力于批判人本主义以及人本政治学中的虚无主义倾向。他近期的著作表明随着探讨的深入，这些焦点问题势必会引导他去解决之前被搁置的更为宏大的人类中心主义问题。《敞开：人与动物》的第一节“兽形神”（theriomorphous，意为拥有动物的生命形式）就明确宣布了这一思想趋势。该章节从探讨一幅《圣经》插图开始：这幅插图来自一部13世纪的希伯来文《圣经》，该书现收藏在米兰安波罗修图书馆。这幅插图描绘了义人在末日举行弥赛亚饮宴的场景，其中的奇特细节引起了阿甘本的注意。画中的义人拥有人的身体，却长着动物的脑袋。他们尽情享用着利维坦和比希莫特的肉，丝毫不顾虑这是否符合犹太教的教规，这是因为他们处在律法之外的时空中。阿甘本提出疑问："在这幅画中，为何人性终结时的义人长着野兽的脑袋呢?"（*O*，2）

根据拉比和塔木德传统的某些解释，阿甘本认为这幅画描绘了人性在“末日”这天所要面临的双重结果。他写道：

> 安波罗修图书馆馆藏《圣经》手稿的插图艺术家给以色列余民（即剩余下的人，弥赛亚来临时仍存活着的义人）安插了一个动物的脑袋。他们想借此说明，在末日这天，动物与人的关系将呈现出崭新的形态，人自身将与其动物本性和解，这一切都是可能的。（*O*，3）

《圣经》中的这幅插图展示了后启示录时代要实现的两个时刻，即人的终结以及历史的终结。首先，在弥赛亚来临的时刻，人“与其动物本性和解”。生命政治将赤裸生命和政治生命严格划分开来，人类在“末日”这天不再受这种划分的影响，他们与其动物性和解了。这一主题是为人所熟知的，它频繁出现在阿甘本的著作中。阿甘本指出，未来共同体政治的任务是思考并创造一种人类的生命形式，使之不再将 zoē 和 bios 区别开来。这种政治“还没有建构出来”，可以说这一目标任重而道远。①其次，在弥赛亚来临的时刻，人与动物之间的关系也发生了变化。这不能简单地理解为人类内部的划分，而应理解为人类与非人类动物之间的差异关系。阿甘本并没有明确描述这一崭新关系（同样，他也没有详尽描绘未来共同体政治的具体范式），然而，他对《圣经》插图的解读表明他倾向于建构一种“更少暴力”的人与动物之关系，这一点标志着阿甘本思想的转向。阿甘本的未来共同体思想致力于克服和改变当今时代的政治困境。相应地，他在《敞开：人与动物》中对人与动物之区分进行了重塑，致力于建构一个较少暴力的空间范式：在这里，人类和非人类生命相互作用，呈现出一种崭新的关系形式与经济学，以使非人类生命避免遭遇灾难性的后果。探索一种人与动物的崭新关系绝非易事，这会面临重重阻碍（不论是政治层面还是本体论层面）。本书的任务是对这些阻力进行探究，而在此过程中，阿甘本的这两个论点会颇有助益。

---

① 乔治·阿甘本：《牲人》，第 11 页。

人本主义与人类学机器

阿甘本认为，我们有诸多规定人与动物之区别的方法，而这些方法背后存在着一个运作机制。他借用意大利神话学家富里奥·泽西（Furio Jesi）的“人类学机器”（anthropological machine）概念来形容这一运作机制。现存的各种科学和哲学话语通过“包含和排除”的双向过程将人与动物区别分类，“人类学机器”即是在这些话语中运作的符号机制以及物质机制。在《敞开》一书的前几章中，阿甘本梳理了“人类学机器”在各领域学者思想中的运作过程，这里有许多不同的历史变体：从乔治·巴塔耶和科耶夫的哲学到卡尔·林奈的生物分类学以及后达尔文主义的古生物学，细读来饶有兴味。在这部分中，我要论述两个问题：1.“人类学机器”的整体结构；2. 为何阿甘本说终止“人类学机器”的运作是十分必要的。

阿甘本指出，“人类学机器”具体可分为两类，即现代的“人类学机器”以及“前现代”的人类学机器。现代的“人类学机器”带有后达尔文主义倾向，它遵循自然科学的法则，旨在探究如下问题：完善的人是如何从人类动物的秩序中脱颖而出的（人类动物与某些非人类的动物在很多方面都难以分辨，尤其是那些所谓的高级灵长类动物）。如若要标明这一过渡，就必须要确定人类动物中的动物性层面，将之与人性明确区分开来。阿甘本将这一过程描述为人类某些生命形式的“动物化”过程，它在人类物种内部区分出动物生命和人类生命。这一现代“人类学机器”引发了 19 世纪古生物学者对“缺失的一环”的调查研究。“缺失的一环”是指在不会说话的类人猿和会说话的人类之间存在一个生物的过渡。与此同时，现代“人类学机器”也开启了极权主义者和民主主义者的人性实验，这些实验的目的是在人类中区分出动物生命和人类生命，从而将动物生命排除在外。阿甘本认为，“它足以使我们的研究领域推进数十年，我们不再去研究那些无伤大雅的古生物学发现，我们会拥有犹太人，他们是从人类中制造出的非人、新死人或过于麻木的人，是从人类机体内部分离出来的动物”（*O*，37）。

与现代“人类学机器”相互呼应，前现代的“人类学机器”（从亚里士多德到林奈）以一种相反的方式发挥着相似的功用。如果说现代“人类学机器”致力于人类的某些方面动物化，那么前现代“人类学机器”则致力于将动物生命人化。那些在本质上采取动物形式的人类（如未成年的野人、狼人、奴隶、野蛮人等）标明了人性的建构性外界。这些生命处在人性的边界，与现代“人类学机器”所捕获的“动物化”生命一起承受着相似的灾难性后果。

阿甘本指出，“人类学机器”致力于廓清人类生命的范围，然而它是极端讽刺和虚空的，因为“人类学机器”无法通过揭示人类所独有的特征来划分人类与其他非人类动物的界限——正如阿甘本所承认的，我们无法在人类身上发现一个或一组这样的特征。关于这一点，我们可以参考进化生物学和动物伦理学领域的相关讨论。阿甘本阐释“人类学机器”运作机制的目的不是让我们去支持一种折中的、准达尔文式的连续主义观点——无疑，当人们企图在人类与非人类动物之间进行区分时，这种连续主义观念会模糊两者之间的任何（或所有）界线。阿甘本的目的是让人们认识到关键的一点：对“人类”“动物”等概念的规定从来都不是一个中性的科学问题或本体论问题。《敞开》的功绩在于它揭示出人与动物之区分的运作轨迹和利害关系，总是带有浓厚的政治和伦理色彩。一方面，人与动物之区分开启了人类对非人类动物以及所谓“不健全之人”的压迫（动物伦理学家持这一观点）；另一方面，人与动物之区分还为当代的生命政治创造了条件，生命政治将人类生命中越来越多的“生物”和“动物”方面纳入国家和司法秩序之中。

阿甘本在《牲人》等文本中指出，无论当代生命政治是以极权的形式出现还是以民主的形式出现，它都包含集中营以及其他暴力形式的现实可能性——生命政治用这些暴力形式来制造和控制赤裸生命。有鉴于此，阿甘本并不打算寻求一种更精确、更实证的方式来区分人类生命与动物生命，因为任何区分都不过是重新绘制生命政治“对象”的轮廓以确定生命政治的掌控范围而已。阿甘本强调，我们不应再描绘人与动物之间的区别，而应摒弃这种区分，并摧毁制造区分的“人类学机器”。现代和前现代的“人类学机器”在人类存在的内部将“人”与“动物”区分开来，这产生了一系列政治灾难。阿甘本在此基础上指出了思想的任务：“我们不应去探究这两种‘人类学机器’（现代‘人类学机器’和前现代‘人类学机器’）哪一种更好、更有效——或者说，哪一种不那么血腥和暴力。我们要做的是，理解这个机器是如何运作的，致力于终止‘人类学机器’的运作”（*O*，38）。

阿甘本的批评者们可能会认为他此处的逻辑是一种滑坡谬误。[1]为何每次对人与动物进行区分都必然（或有“现实可能性”）会导致某些负面的（“致命和血腥”的）政治后果？对改革、可完善性以及包容性的全情倾注不正是民主人本主义以及启蒙现代主义（这些恰恰是阿甘本让我们抛弃的传统）的基本承诺吗？人本主义所要提防的不正是极权主义和滥用人权等最恶劣的暴行吗？

如果读者从这一角度来研读阿甘本的著作，尝试从中寻找上述这些问题的答案，就会很好地领会阿甘本观点的独创性。在过去的十年里，阿甘本致力于从历史和哲学层面（而

---

① 滑坡谬误是一种逻辑谬论，即不合理地使用连串的因果关系，将“可能性”转化为“必然性”，以达到某种意欲之结论。——译者注

非实证层面）阐述民主和极权主义之间的“内在一致性”。① 在他看来，尽管这两种政治制度在经验上存在巨大的差异，但是它们有着内在的一致性，即“人类学机器”在这两种政治体制中运转，将政治（人类）生命和赤裸（动物）生命分割开来。为了防止对赤裸生命极权主义式的过激行为，民主制度也会采取一些防范措施（阿甘本提到了卡伦·柯因兰事件等，这些事件清楚地表明民主还远未成功）。尽管如此，民主体制仍在不知不觉中为这些恶劣的后果创造可能性条件。民主的这一潜在后果开始呈现出来，尤其是在法律被悬置的时刻，如主权宣布例外状态，民族国家衰落导致难民危机频发等。如本雅明所说，例外状态日益成为当代政治生活的法则。阿甘本认同本雅明的观点，他指出，这样的事例已司空见惯，委实令人焦虑。正是出于这样的考虑，阿甘本认为，当今我们真正要面对的政治任务不是改革、激进、民主、主权以及人本主义的扩展，而是创造一种截然不同的政治生活形式。

从这一层面上来说，阿甘本主要面对两种质疑之声。一方面，新人本主义者（理所当然地）认为阿甘本抛弃了人本主义传统，转而拥护一种没有主权、没有法律的政治，然而在防止他所谴责的不公正方面，他的“未来共同体”概念是否就比目前的民主制度有效呢？另一方面，一些更具有

---

① 乔治·阿甘本：《牲人》，第 10 页。

解构主义和列维纳斯主义倾向的理论家可能会将阿甘本的思想视为一种错误的困境——他处在人本主义的“民主”观念和非本质主义的“共同体”思想之间左右为难。同阿甘本一样，这些理论家也同样关注民主政治及其本体论暴力的“现实可能性”，然而他们不会全盘抛弃民主的遗产。对他们来说，政治的首要任务是对我们的民主遗产去粗取精，开启其激进的可能性；捍卫民主对“可完善性”的承诺，扩大民主的范围，使民主政治向他者敞开。这将使民主及其人本主义承诺与“和他者共在”的思想联系在一起——“和他者共在”的思想与阿甘本的“未来共同体”概念有异曲同工之处。

我认为这两种质疑之声都缺乏说服力。在当今民主形式和人本主义的局限性方面，阿甘本给我们提供了一个令人信服的论述。值得注意的是，阿甘本曾在其著作中描述过他的政治思想在某些具体情况下成为现实的方式。然而，我们须承认一点：就新人本主义者还是解构主义者所提出的质疑而言，不论是在抽象的理论层面，还是在具体的政治层面，阿甘本的思想都还有待完善。我认为，如若将探讨的范围局限于人类中心主义的政治内，那么新人本主义者和解构主义者提出的问题和批评将很难绕过。人本主义、民主和人权是极其复杂多样的历史性观念，具有延展性和渐进性改革的内在潜力。

然而，如果我们在这里认真对待动物问题，并从动物问题出发来审视这一政治争论，那么争论的焦点将会发生相应的转变。纵观那些为动物辩护的活动家和理论家，有谁会相信人本主义、民主、人权是伦理和政治的必要条件呢？固然，有些理论家为了将动物纳入伦理和政治的考虑范围之内而采用传统话语逻辑，然而即便是他们也不见得会相信这些传统范畴可以建构一种以尊重动物生命为前提的伦理和政治。

从动物伦理政治的角度来说，新人本主义者对民主传统之功绩的争论是毫无意义的。有些学者在民主解放叙事的扩展和可完善性的框架中来探讨动物权利问题，然而他们的这一举动只会显得悲喜参半，鉴于当代的民主政治不仅容忍并且怂恿制度化的动物虐待行为。不难发现，许多民主国家反而更加支持虐待动物的行径。目前，美国的许多激进动物维权人士以制止对动物的残忍虐待为旗号从事经济和财产的破坏活动，他们的行为不仅遭到了人们的批判（在很多情况下，这些批判并无正当理由），还被美国联邦调查局列入“国内恐怖分子”的名单，遭受不公正的罚款和监禁。有鉴于这类问题的重要性，动物维权人士目前针对“动物问题”发起了一场持久的争论：温和的改良主义者（福利主义者）与激进的右派人士（渐进主义者）相互争辩、相互对峙，探讨哪一种解决方案在当代政治和法律语境下更为有效。然而，在我看来，问题的症结并不在此。准确来讲，在目前的状况下，我们要在两种不同的方案中进行抉择：一种方案是使现有的政治激进化，扩大政治考虑范围，包容非人生命(这是新人本主义和解构主义的扩展)；另一种则是阿甘本所拥护的未来政治，致力于建构一种人与动物之关系的崭新经济学。有些批评者批评阿甘本的思想是一种“乌托邦式的空想”，因为他妄图彻底改变我们的政治思考和实践，与此同时又没有从动物问题角度提供相应的具体途径。然而，在我看来，将希望寄托在现有政治范式上的人反而是不切实际的思想家——他们妄图改革现有的政治形式，使之激进化，从而能够容纳非人生命。不论是人本主义概念还是民主观念，它们的根基都是以行动者为中心的主体性概念，革新这些观念就能够将人类之外的存在者涵括在内吗？我们是否可以在这一方案中看到一些这样的希望呢？①

可见，在动物的伦理政治地位问题上，我们必须超越现有的人本主义、民主观念以及司法秩序，建构一种新型的政治范式。我会在第四章中探讨德里达的动物思想。德里达对人本主义和法律的态度比较微妙（总体说来，比较谦恭）——他既不全然赞同也不彻底拒绝，然而即使是他也不

---

① 齐泽克与朱迪斯·巴特勒、欧内斯特·拉克劳也曾探讨过类似话题，可参见《偶然性、霸权与普遍性：关于左派的当代对话》(Judith Butler, Ernesto Laclau, and Slavoj Žižek, *Contingency, Hegemony, Universality: Contemporary Dialogues on the Left*, London: Verso, 2000)，第326页。

得不承认法律的局限性。在人类与动物之间的政治伦理关系问题上，他这样说道：

> 改革是必要的，也是不可避免的，其中有自觉的原因，也有不自觉的原因。变革是迟缓艰难的，有时会缓慢前行，有时则加速前进。人与动物关系的变化不一定（或不能仅）会采取规章或者权利宣言的形式，也不能只依靠由立法机构所掌控的法庭来解决问题。我不相信法律的奇迹。此外，现有的法律或多或少还是为我们提供了一些经验，这总比没有的好。然而，这并不能阻止人们对动物的屠宰、或市场与工业化生产的“技术-科学”病理。①

阿甘本在此前的多部著作中阐述了主权逻辑以及现有政治和司法模式的局限性。我认为，如若阿甘本对动物问题给予了充分重视，那么他的论述必定会更加令人信服。然而阿甘本并未采取这一途径，这表明其文本带有一种施为性的人类中心主义倾向。如若阿甘本以及其他后人本主义者的政治

---

① 德里达、伊丽莎白·卢迪内斯库：《明天会怎样：对话录》（Jacques Derrida and Elisabeth Roudinesco, *For What Tomorrow: A Dialogue*, trans. Jeff Fort, Stanford, Calif.: Stanford University Press, 2004），第65页。

方案无法克服这种人类中心主义倾向，那么他们也无法摆脱“人类学机器”的逻辑。换言之，人类学机器的逻辑将会在我们最不期望的地方再次确立。

让我们回到阿甘本的主要问题：终止人类学机器运作的最佳方案是什么？如何才能建构一种后人本主义色彩的政治？如何才能让政治摆脱人类学机器“致命和血腥”逻辑的支配？

在《敞开：人与动物》一书中，阿甘本重点探讨了海德格尔的动物思想。他指出，海德格尔对人本主义持一种毫不妥协的批判态度，然而他的思想并未摆脱人类学机器的内在逻辑——换言之，他在重复人类学机器的逻辑。在《敞开》的后半部分，阿甘本对海德格尔的思想进行详尽艰深的分析。在他看来，海德格尔对人之此在和动物生命之区别的（只言片语）探讨实际上遵循着人类学机器的“包括-排除”逻辑。他重点探讨了海德格尔的《形而上学的基本概念》与《巴门尼德》这两个课程讲座文本。通过阅读这些文本，阿甘本强调人的此在与动物生命的亲近性，强调人与动物之间本质的连续性，这种连续性将人与动物束缚在他们共有的“迷醉”（captivation）中——迷醉于各自的环境中。据阿甘本对海德格尔思想的阐释，人类此在与动物他者之间只存在微小的差异，人类此在之所以会有其独特性，之所以会产生独特的世界关系和政治的可能性，仅仅是因为人类这种动物有一种独特的能力：他们能够领会或者看见他们的“迷醉”，而动物生命则（据推测看来）不可能领会。

> 人，在“深度之无聊”的体验中，像一个生物一样冒险将他与环境的关系悬置起来……在世界自我解蔽之前的瞬间，他能够记住“迷醉”……此在只不过是学会了无聊的动物；它从自己的“迷醉”中醒来再到自己的“迷醉”中去。人就是这种动物：它从生物自身的“迷醉”状态中觉醒，它向“不敞开”（not-open）而焦虑、坚决地敞开。（*O*，70）

在世界敞开前的这一“短暂瞬间”，在人类这种动物从它的“迷醉”中醒来再到它的“迷醉”中去的片刻，人类此在被推至本体论差异的“空间”或空地。这个场所通常都是隐而不显的，只有在某种情绪如焦虑、烦心中才会明确显露出来。在这些情绪中，将人类与其他存在者绑缚在一起的“迷醉”让位于人类的不安和恐惧——对自身与其他存在者之间的无差异性感到不安和恐慌。

按照海德格尔的论述，人类此在产生的基础是捕捉并排除动物与其他存在者之间的独特关系样式。有鉴于此，阿甘本认为海德格尔的思想与人类学机器的逻辑是完全一致的。海德格尔的政治著作（尤其是30年代早中期的文本）清晰地阐释了人类学机器在其文本中的运作过程。为了在人类此在与世界的独特关系中寻找政治生活的“根基”，海德格尔在《形而上学导论》中将人的世界与动物生命的“无世界”进行了鲜明对比。

海德格尔是否曾经放弃了为人类开启崭新政治或历史任务的目标，这一点还有待商榷。即便他确实认识到遵循民族主义路线的做法是错误的，我们也不清楚他是否放弃了如下希望，即为重新规定人类存在而揭示另外的人类“根基”。不论怎样，至少我们可以确定一点：海德格尔的思想始终无法摆脱人类学机器的逻辑。他从未放弃过规定人之为人的任务（此在［Dasein］，绽出存在［ek-sistence］），从未停止过对存在之救赎的思考（即让存在者如其所是地存在）。

海德格尔对人与非人生命之关系的思考没能超越人类学机器的逻辑，正是这一点促使阿甘本到他处寻找别样的政治思想。毫不奇怪——因为这是其作品的惯常姿态——他在本雅明的作品中找到了灵感。他对本雅明的“救赎之夜”（saved night，*O*，81-82）和“定格辩证法”（dialectic at a standstill，*O*，83）等概念尤为感兴趣，因为这两个概念为我们提供了一幅自然和人类关系的别样景观，它们不再对自然和人类进行严格的概念区分。可以说，它们逃离出人类学机器的管控，为我们呈现出一种崭新的人类与动物概念。对本雅明来说，“救赎之夜”指的是一个自给自足的自然世界，这个世界的价值完全独立于其可能要发挥的功用，如供人类居住的场所，或者人类历史的舞台。一旦自然世界被认为有其自身固有的价值——它不可修补、不可救赎，不再需要人类的拯救，不再服务于人类的目的——人与动物之间的辩证法便出现了“定格”。在阿甘本看来，本雅明的“定格辩证法”从整体上摒弃了人与动物之区分的思维方式，它并不试图重绘两者之间的界线。归根结底，本雅明的文本力图致力于让人类和非人是其所是，即以他们独有的、不可修补的方式是其所是。这种“顺其自然”（letting-be）没有必要为了到场而像海德格尔所描述的那样要穿越人类的逻各斯或者历史。确切来说，本雅明的思想为我们提供了一种让存在者超出存在的可能性。

这些本雅明式的命题给阿甘本提供了动力和方向，由此阿甘本将西方历史解读成人类学机器的运作和演变史，这一点并不令人吃惊。在本雅明思想的启发下，阿甘本尝试在《敞开：人与动物》中超越西方形而上学传统的主流逻辑和术语来重新思索人类与非人的世界。人类学机器看似是我们时代不可逾越的政治和本体论的地平线，然而阿甘本致力于为读者提供一种哲学概念或“概念的扳手”——这类概念可以摧毁人类学机器，如“不可救赎”（unsavable）或“不可修补”（irreparable）等，但这些概念为我们建构了一个别样的世界，它并不遵循人类中心主义的目标，并不受制于现代人“十足的幼稚性”① 和人类沙文主义。阿甘本在《未来

① 尼采：《权力意志》（*Will to Power*, trans. Walter Kaufmann, New York: Viking, 1968），第 12 页。

的共同体》（*The Coming Community*）中暗示道，在不可修补和亵渎神圣中肯定生命是一种尼采式的肯定生命。在这种意义上说，“不可修补的生命”这一概念承担着查拉图斯特拉的使命，即“守实于大地”以及大地上的居民。

阿甘本承认，探索出一种绝对敞露并不可修补的人性并非易事（*O*，90）。实际上，阿甘本的著作都意在阐明如下问题：这种不可修补的人性可能会采取何种形式？在这种人性基础上建立起来的政治范式又是怎样的？若从这一视角出发，我们便可以更加深入地理解阿甘本的批判性文本——他探讨了现存生命政治和主权模式的重重危险和局限性。无论从哪个方面来讲，我们目前的政治形式都依赖于“人性”这一观念，而这一观念的前提条件是将我们“不可修补”的东西排除在外。由是观之，思想的任务是揭示“人性”概念的局限性，并在此基础上探索一种更为积极、更令人信服的概念和实践。

关于“人类政治”这一点，阿甘本似乎意识到这一概念的实现并不会一蹴而就。人类学机器具有符号和物质的双重结构，它无处不在，有鉴于此，我们应坚持一种批判立场和解构姿态，致力于摧毁人类学机器，这与阐明一种非二元、非等级的“人”之概念同等重要。重新思考动物生命是一件苦差事，这势必会遭遇许多困难。一方面，大多数理论家和哲学家很少关注动物问题；另一方面，如上文所言，阿甘本的作品探讨的是人类学机器对人类的影响。人类学机器对动物生命的影响是怎样的?他却没有涉及。无疑，如果我们要建构一种人类与非人生命的关系范式以及共同体形式，后一类分析和探讨是十分必要的。这一思想规划（建构人类与动物的崭新关系范式和共同体形式）是谦逊和艰辛的。一方面，我们需苦心孤诣，审慎思考；另一方面，它可能并不具有阿甘本“弥赛亚政治”观念（要求与先前的政治结构决裂）的悲怆特征。然而，想建构一种真正能避开人类学机器“致命和血腥”逻辑的共同体概念，这一思想规划完全是必要的。在第四章中，我会重点分析德里达的著作，探讨这一思想规划的本体论、伦理以及政治等层面。

第四章
动物的激情——德里达[①]

我们再次返回到动物问题。

——雅克·德里达

1967年，雅克·德里达一举推出了三部著作（它们是《书写与差异》《论文字学》以及《声音与现象》——译者注）。三十年后，德里达在《动物故我在》一文中说道：

> 生物问题（尤其是动物问题）……始终是最为重要、最为关键的问题。在阐释某些哲学家思想的时候，我曾经反复涉及这一问题——当然，要么是开门见山、

---

① 本章标题为“The Passion of the Animal”，译者将其译为“动物的激情”。这是德里达在《动物故我在》一文中的专门术语，文中如此说道：“所谓‘动物的激情’，即是我对动物的激情，对动物他者的激情。”此外，“passion”还有“受难”“苦痛”的意思。在该文中，德里达指出，动物的“受难”与“我对动物的激情”密切相关。因此，该标题有双重意涵：1. 动物的激情；2. 动物受难记。——译者注

直接点明，要么则是旁敲侧击、间接触及。①

不管对德里达的忠实读者来说，还是对熟悉动物哲学论争的读者而言，德里达的这一陈述都显得有些怪异。近年来，德里达的名字和著作通常与革新的政治话语及运动相互对应，似乎与动物问题风马牛不相及。人们极少关注德里达对动物问题的论述：在过去的三十年里，研究德里达思想的著作已出版了成千上万种，而专门研究德里达动物思想的著作则屈指可数（最多有十本，或许更少）。如何解释这种失衡现象？回到引文，德里达认为生物问题（尤其是动物问题）非常重要，这一陈述仅仅是一种夸张之辞吗？如果这不是一种夸张之辞，我们又如何解释德里达思想的研究者们对这一主题的彻底忽视呢？研究者们纷纷寻找这种失衡现象的原因，其中有一种说法比较具有迷惑性：德里达在 20 世纪 80 年代中期之后才明确详述动物问题，而 80 年代中期恰是德里达思想的伦理政治转向期。然而，另一种观点（这种观点也颇具迷惑性，且并非全无缘由）认为，这一解释与德里达在《动物故我在》一文中的陈述并不一致。在文章中，德里达指出，他始终关注动物问题——长久（“事实上，自

① 雅克·德里达：《动物故我在》（“The Animal That Therefore I Am”），载于《批评探索》（*Critical Inquiry* 28［Winter 2002］）第 369–418 页，引文摘自第 402 页。后文中简称 *AIA*。

从他开始写作”）以来，他便“一直用理论或哲学的方式（或者说，我们称之为解构式的风格）”来阐述动物问题（*AIA*, 402）。

德里达的大多数读者都没有认识到动物问题在其著作中的重要性，我们或许可以理解他们的这一疏忽。然而纵观德里达的全部著作，我们不难证明动物问题在他思想中的重要性——如他所言，动物问题“始终是最为重要、最为关键的问题”。德里达敏锐地注意到传统哲学的人类中心主义倾向，从早期著作到晚年文本，他都致力于从不同维度对哲学及其相关话语的人类中心主义根基和倾向展开批判，并运用了各种介入方式。显而易见，德里达在探讨动物问题时也致力于强调存在神学人本主义的人类中心主义维度。如第一章所言，海德格尔对传统形而上学进行了解构式的批判，他的视角独特，致力于探索在场与自我在场在人之存在的规定中所发挥的作用。德里达承袭并发展了海德格尔对传统形而上学的批判。我们知道，海德格尔批判存在神学人本主义的目的是反思人的存在，是探讨“人之存在”在存在者之存在的规定中所发挥的作用。德里达是否和海德格尔一样将关注的焦点集中在人类身上？答案并不明晰。一方面，长期以来，哲学家们（包括海德格尔）惯于探讨人类的某种特有（即独享和二元意义上的本质）属性，而德里达对人类的“特有”属性表示怀疑。另一方面，德里达指出，这种“特有”逻辑在人类与动物之间画了一条简化的分界线，他对这一逻辑的运作方式进行了深入探讨。我们可以看到，在《论文字学》中，德里达指出，只有与一系列被排除在外的术语和特性（如自然、动物性）关联起来时，“人类”这一术语才获得了其自身的意义。①在《丧钟》中，德里达强调，存在神学的哲学传统从根本上说来带有人本主义和人类中心主义倾向，且这一传统至今仍无法应对人类自恋的“第二次打击”，即达尔文的生物学理论。可以说，达尔文削弱了人与动物之传统界线的宗教根基。②德里达指出，一些思想家对存在神学的哲学传统进行了批判，如瓦尔特·本雅明③、伊曼纽尔·列维纳斯，他们的分析可谓精妙绝伦，然而即便是他们的思想也带有宗教人本主义和人类中心主义的痕迹。在《暴力与形而上学：论列维纳斯的思想》（1964）一文中，

---

① 雅克·德里达：《论文字学》（*Of Grammatology*, trans. Gayatri C. Spivak, Baltimore, Md.: Johns Hopkins University Press），第244-245页。

② 雅克·德里达：《丧钟》（*Glas*, trans. John P. Leavey Jr. and Richard Rand, Lincoln: University of Nebraska Press, 1986），第26页。

③ 参见德里达在《动物故我在》一文中对本雅明思想的论述，也可参见碧翠斯·汉森的《本雅明的别样历史：石头、动物、人类以及天使》（Beatrice Hanssen, *Walter Benjamin's Other History: Of Stones, Animals, Human Beings, and Angels*, Berkeley: University of California Press, 1998），该书全面探讨了动物和自然在本雅明思想中的重要地位。

德里达对列维纳斯的“面孔”概念进行了审慎的分析。他指出，这一概念仍依赖于“伦理”“人类”等人类中心主义思想和宗教观念。此外，列维纳斯在探讨“面孔”时不经意地使用了人与动物之间的简化界线。①

德里达十分关注人与动物的简化界线问题，他指出，人类与动物之间的二元对立不仅经不起实证的检验，还忽视了人类生命、动物生命以及人类与动物之间的多样性差异。在论述动物和动物性的多数篇章中，德里达都提到了这样一个事实，即哲学家和理论家们使用各种手段将人与动物明确区分开来，如单一特性、特征或“特有属性”（用德里达的术语来说）。通常说来，人们将“手”②“精神”③“裸露”④

---

① 雅克·德里达：《暴力与形而上学：论列维纳斯的思想》（“Violence and Metaphysics: An Essay on the Thought of Emmanuel Levinas”），载于《书写与差异》（*Writing and Difference*, trans. Alan Bass, Chicago: University of Chicago Press, 1978），第142–143页。

② 雅克·德里达：《家族Ⅱ：海德格尔的手》（“Geschlecht Ⅱ: Heidegger's Hand”, trans. John P. Leavey Jr., in *Deconstruction and Philosophy*, ed. John Sallis, Chicago: University of Chicago Press, 1987），第161–196页。

③ 雅克·德里达：《论精神：海德格尔与问题》（*Of Spirit: Heidegger and the Question*, trans. G. Bennington and R. Bowlby, Chicago: Chicago University Press, 1989），第6章。

④ 参见《动物故我在》。

和“死亡的意识”[1] 等看作是人类专有的特征或能力。德里达用整篇论文或著作的数章篇幅来解构这些特征或能力，与此同时，他还在文本中批判性地涉及其他一些特征，如语言、理性、责任、技术等。纵观这些文本，德里达对这些传统表述方式表示质疑，他力图从一种非等级、非二元的角度来反思人与动物之间的差异。我将在本章的以下两个部分中详尽地探讨这一问题。

德里达批判了存在神学人本主义中的人类中心主义倾向。他指出，人们在思考人类之间、动物之间、人与动物之间的差异问题时仍然依赖二元对立的思维方式，他对这种思维方式提出质疑。这便是德里达动物思想中的批判性维度。除此之外，德里达动物思想中还有建构性的一面，即从别样的角度来思考动物生命及其在伦理、政治中的地位。如同德里达的其他思想一样，这一建构性方案的目的是在其所承袭和解构的传统之外探索一种别样的思考路径。德里达对传统动物话语的批判和解构详尽全面，相比之下，他在动物问题方面的思想建构则显得不够细致。然而，德里达的著作中有大量与动物问题相关的材料，这些材料都可以服务于这一建构性方案。有鉴于此，德里达采用了两个主要策略。首先，

---

① 雅克·德里达：《绝境：垂死等待（彼此在）真理的边界》(*Aporias*: *Dying—Awaiting* [*One Another at*] *the Limits of Truth*, trans. Thomas Dutoit, Sanford, Calif.: Stanford University Press, 1993)。

他提出了一系列并不为人类所专有的“基础结构”，如延异(différance)、增补（supplement)、源书写（arche-writing)等。德里达坚持认为“延异”“踪迹”（the trace)、“剥夺-居有（去己-成己）”（ex-appropriation）等观念的传播和运作远远超出了人性的范围,① 然而他的许多忠实读者都忽视了他这方面的思想。在建构这些准概念和基础结构时，德里达似乎最关注的不单是将人类主体性去中心化的问题（人们有时这样认为)，而是“同一他者”（the Same-Other）的关系问题。在德里达看来，“同一”不仅仅指某个人类自我，同样，“他者”也不仅仅指某个人类他者。实际上，这些“基础结构”试图建构这样一个概念，即“作为反应性的生命”。在这一概念框架中，人们不再从独享性和排外性的角度来理解生命，而尝试从全面和包容的视角来理解生命：它涵括甚广，将人类、动物甚至其他存在都纳入其中。在这里，德里达运用了非常直白的术语，似乎意在表明，无论我们在生命形式中发现了哪种类似同一性的因素，差异、情动、遗传、反应等因素都将会在其中发挥作用。从这个角度来看，人类与动物无法明确区分开来，因为这两种存在者

---

① 可参见德里达的《“良好饮食”，或主体的算计》(“‘Eating Well’, Or the Calculation of the Subject”），载于《主体终结之后是什么?》(*Who Comes After the Subject*? ed. Eduardo Cadava, Peter Conor, and Jean-Luc Nancy, New York: Routledge, 1991)，第116页。

都不可简化地卷入到差异性力量的“同一”网络中，这些差异性力量构成了它们的存在方式。

德里达的建构性方案所采用的第二个主要策略是将动物纳入伦理和政治的考虑范围之内。在存在神学的哲学传统中，动物被排除在伦理和政治的考虑范围之外。因此，长期以来，我们并无动物的伦理和政治观念。然而，德里达思想的独创性在于他避免重复这些主流命题，力图建构一种崭新的伦理和政治学观念。20 世纪 80 年代中期以来，德里达提出了许多重要的政治命题和“基础结构”，如未来之民主、礼物、好客、没有友谊的友谊、弥赛亚等，这些命题和“基础结构”无意将动物排除在外。实际上，德里达十分明确地将这些“基础结构”的适用范围扩展至动物领域，由此将动物纳入伦理和政治的考虑范围内。除此之外，德里达强调，动物有能力侵扰某人的存在，有能力创建一种伦理和政治层面上的邂逅形式。在这一脉络下，德里达详尽地探讨了动物所遭遇的暴力和不公正待遇。①不同于列维纳斯，德里达明确指出，我们可以与人类建构一种伦理关系，也同样可

① 参见德里达：《法律的力量：权威的神秘基础》（“Force of Law: The ‘Mystical’ Foundation of Authority”），载于《卡多佐法律评论》（*Cardozo Law Review* Ⅱ nos. 5-6，1990），第 952-953 页；也可参见《虐待动物》（“Violence Against Animals”），载于《明天会怎样：对话录》（*For What Tomorrow: A Dialogue*，trans. Jeff Fort，Stanford，Calif.：Stanford University Press，2004），第 62-76 页。

以在与动物的邂逅中建构一种伦理关系。①

德里达对动物问题和命题的探讨比较广泛，我在上文中对此进行了简略的梳理，这可能会在一定程度上证实德里达的主张，即生命问题（尤其是动物问题）始终是一个“最为重要、最为关键”的问题。此外，我还想表明，在德里达的著作中，动物主题是一个非常重要的线索，值得我们去探寻。②此处，我并不打算对德里达的动物文本与动物主题进行分类，而是力图更为严谨、更为全面（概括性地）地阐释德里达动物思想的关键之处。认真读过德里达著作的读者都知道这种解读方式本身是有问题的，因为他所有的文本都受制于上下文语境。然而如若不对德里达的动物思想进行恰当概括的话，人们便会忽视动物问题在德里达著作中的重要性（就如同它目前被忽视一样）。因此，我将在下文中阐述

---

① 参见德里达：《死亡的礼物》（*The Gift of Death*, trans. David Wills, Chicago: University of Chicago Press, 1995），第69页；也可参见德里达：《所给予的时间：I. 伪币》（*Given Time*: I. *Counterfeit Money*, Chicago: University of Chicago Press, 1992），第143-144页。

② 沿着这些思路，最后要指出一点：德里达认为动物问题对人文学科的未来发展意义重大。有关这一点，参见《未来的专业，或没有条件的大学》（“The Future of the Profession, or the University Without Condition”），载于《雅克·德里达与人文学科：批判性读本》（*Jacques Derrida and the Humanities*: *A Critical Reader*, ed. Tom Cohen, Cambridge: Cambridge University Press, 2001），第50-51页。

理解德里达动物思想的方法，同时，我还会对其思想中的哲学和政治维度进行评论。

需要注意的是，我所采取的“全面概括法”还存在另外一些局限性。一方面，从 20 世纪 80 年代中期到 90 年代末期，德里达论述动物问题的文本中曾提到很多重要的思想家，我在本章中无法顾及德里达对这些思想家的独特评述。这一时期德里达所关注的大多数思想家（即海德格尔、列维纳斯、拉康、亚里士多德、笛卡尔）均在本章中直接或间接地提到，然而，我们要注意的是，德里达评述这些思想家的每一个文本都有其独特的语境脉络和主题结构，如果读者们想理解这些文章的主旨，就需关注每一个文本的独特性。同样，德里达在许多文章中都使用了动物形象、意象和隐喻（如刺猬、动物机器、喀迈拉等），每一个文本都因不同的目的而使用这些动物形象。从动物问题的角度来看，对这些文本进行分析无疑是有价值的，然而这并不属于本章所探讨的范围。另一方面，我不去探讨德里达思想中的这些方面，却无意淡化它们的重要性。恰恰相反，我的目标是直接去探索德里达在动物问题方面的理论意义，这样一来，我们便能更容易理解这些思想。此外，德里达探讨动物问题的方式有许多优点和弊端，全面概括的理论阐释可以使我侧重于论述最重要的优点和最突出的弊端。

这便是我的“读者须知”。在下文中，我要探讨的德里达动物思想，主要包括三个方面：（1）“原初的伦理”律令；（2）这一律令产生了一种特定的伦理政治立场；（3）这一律令致使西方哲学传统的彻底重写（西方哲学传统的根基是人类中心主义）。“原初的伦理”律令为德里达的动物思想奠定了基础（第一点）。此外，他有许多文本都致力于重写西方的本体论和哲学传统（第三点）。这些是德里达思想中最复杂、最晦涩的方面，我们需用最清晰的阐述和最大的耐心来理解它们。有鉴于此，我将首先在文中说明德里达总体的伦理政治立场，进而探讨这一基本立场与其他两个方面（即第一点和第三点）是如何相互影响的。只有这样，我们才能更好地理解德里达动物思想中晦涩难懂的部分。

虐待动物

在英美哲学和法律领域的论争中，一旦涉及动物地位和福祉，理论家们通常采取如下两种方法：以感知为基础的功利主义说；以主体为基础的权利说。德里达在论述动物问题时借鉴了这两种方法，与此同时又与这些思想保持审慎的距离。与大多数“亲动物”（pro-animal）的理论家和活动家们一样，德里达也强烈反对人们虐待动物——在当代社会，数以亿计的动物都遭遇到人们的暴力以及不公正对待。他反对虐待动物，为此他求助于动物的“感觉”（这是功利主义说的核心论点）。与此同时，他支持变革——改变动物目前的境遇，他的支持主要表现在两点：给予动物最大程度的尊重（这是权利说的核心观念）；同情动物权利运动，并给予策略性支持。在《动物故我在》一文中，德里达针对动物问题提出了诸多假说。在阐述其中一个假说的过程中，德里达详尽地阐明了他在这些问题上的立场。他指出，在过去的两个世纪里，人们思考和对待动物的方式发生了前所未有的转变，这主要体现在两个方面：动物越来越屈从于人；人也越来越同情动物。就第一个方面来说，动物日益屈从于人，人们对动物的暴力与日俱增，这些与饲养屠宰技术的发展密切相关，与动物的功用性密切相连——即动物的存在是为了改善人类的福利。

人们对动物的暴力与日俱增，这个观点至关重要，我们需予以重视。在欧陆哲学的传统中，只有极少数的优秀哲学家谈及这个问题，德里达便是其中一位，他不仅探讨了人们对动物的暴力，还谨慎地命名它、审视它。①从历史角度来说，人类对动物的暴力行径并不是新鲜的事情。然而，德里达敏锐地指出，在过去的两个世纪里（尤其是在过去的一个世纪里），这种暴力行径与日俱增。他如此说道：

---

① 海德格尔曾经将机械化的食品工业与集中营进行了类比，这一类比引起了人们的争议。德里达也对这两者进行了对比，此处先搁置不提。在这一语境中，海德格尔提到了人们对动物的暴力行径，然而他并没有从历史、伦理政治等层面对这一现象进行审慎剖析，而德里达做到了这一点。

> 动物学、动物行为学、生物学、基因学等知识取得了长足进步，这些知识化为技术应用到它们的研究对象中。这些技术对其实际对象（即动物）进行了改造，动物所处的环境和世界都因之发生了转变。由此种种，人们对待动物的传统方式发生了天翻地覆的转变。这种转变是通过这些方式来实现的：动物在统计学层面上被用于农耕劳作和兵营化管理——这项技术在以前是不为人所知的；基因实验；动物的工业化生产——即生产动物肉类以满足人类的消费需求；大规模的人工授精；人类肆无忌惮地篡改和操纵动物的基因组；人类利用激素、基因杂交、克隆等技术手段来生产和过度繁殖大量的动物肉类，动物被降格为供人类消费的肉类。除此之外，动物还被用于各种其他的用途，而这些用途都旨在造福于某一类生命，都为人类的福祉而服务。
>
> （*AIA*，394）

我们无需在实证方面做太多解释，上述这些事实是显而易见的。我们需进一步追问的是，这一“巨大转变”背后的诸多决定性因素是什么？为何在过去的一个世纪里人们对动物的暴力行径与日俱增？除了科学和技术的发展之外，造成这种现象的驱动性力量是什么？是经济因素吗？还是人类沙文主义倾向？是人口的增长吗？还是人类在伦理政治方面普遍的麻木不仁？

德里达十分关注这个问题，其实，许多理论家也关注这一问题，然而，他们或身处非欧陆的哲学传统中，或身处非哲学学科领域。在深入探讨这一问题前，我们应思考这样一个问题：为何近代欧陆哲学（德里达在此语境中写作，也在此语境中为人所阅读）并不重视人类对动物与日俱增的暴力行径问题呢？无论人们如何解释“分析哲学与欧陆哲学的分裂”，他们都有一个共识，即欧陆哲学家们更关注的是具体的存在问题和伦理政治问题，而不是那些抽象的形而上学和认识论问题。即便欧陆哲学家们将注意力转向本体论和认识论问题，也通常是因为某些伦理政治事件的激发。因此，在阅读欧陆哲学家们的著作时，如尤尔根·哈贝马斯（Jürgen Habermas）、詹尼·瓦蒂默（Gianni Vattimo）、伊曼纽尔·列维纳斯（Emmanuel Levinas）、让-弗朗索瓦·利奥塔（Jean-Francois Lyotard）、吉奥乔·阿甘本（Giorgio Agamben）、拉库-拉巴特（ Phillipe Lacoue-Labarthe）等人的著作，我们不难发现，他们的思想都是对当今时代某些伦理和政治困境的回应。欧陆哲学诞生于欧洲，于是，涉及范围极广、后果极严重的纳粹大屠杀便成为欧陆哲学家们经常讨论的对象。在这一政治和哲学语境中，如果我们关注动物暴力问题（即便给予极少的关注），似乎不合情理。如若有人胆敢将纳粹大屠杀与动物虐待问题相提并论的话，则似乎更是荒诞不经。海德格尔将“机械化的食品工业”与纳粹大屠杀进行了对比。拉库-拉巴特在《海德格尔、艺术与政治》一书中指出，这种对比是不恰当的，堪称丑闻。[①]他对海德格尔的批判是正确的。需要注意的是，这种对比之所以不恰当，不是因为海德格尔将人类生命比作为非人类生命（这是拉库-拉巴特批判海德格尔的主要论点），这没有抓住问题的实质。海德格尔曾经支持纳粹主义，对纳粹大屠杀保持沉默，我指的是，从这个角度来说，海德格尔的对比是不恰当的。人们普遍认为，“人类对同类的暴力”以及“人类对动物的暴力”之间不可同日而语，这种观念将人类生命置于动物生命之上，暗含着一种人类中心主义的价值等级思想。而动物问题迫使我们去反思这种价值等级观念。纵观近代欧陆哲学，多数哲学家都认为这种价值等级思想是理所当然的，而忽视了如下事实：在哲学和社会领域，动物权利话语广泛存在，且影响力正不断扩大。

在这种哲学语境中，也许只有将“人类对动物的暴力”与“人类对同类的暴力”进行比照，才会引起人们的思考。德里达基于这一点将人类的种族屠杀和动物的种族灭绝进行了简洁的对比，近年来，一些有影响力的动物权利团体也将现代的动物饲养和屠宰方法与纳粹大屠杀进行了比较，这种策略引发了不同的反应。与此同时，一些著名的作家

---

① 拉库-拉巴特：《海德格尔、艺术与政治》（Phillipe Lacoue-Labarthe, *Heidegger*, *Art and Politics*, trans. Chris Turner, Oxford: Blackwell, 1990），第 34 页。

和哲学家，如艾萨克·辛格（Isaac Singer）、西奥多·阿多诺（Theodor Adorno）① 等也将两者进行了对比，并得出如下结论：厌恶人类（或愤世嫉俗）与憎恶动物之间存在某种相似之处。同样，人们对这一结论的反应各异。人类在集中营里的处境与动物在工厂化农场里的处境之间差异巨大，将两者进行比较或类比总是会遭到质疑。人们会认为这是一种错误的类推，两者之间是不可比较的，因为这两种暴力背后有着诸多不同的历史、社会、经济等原因，这些差异亦是不可简化的。然而需要注意的是，人们批判这种比较的主要缘由是它贬低了人类的苦难。不论是宗教的人本主义还是世俗的人本主义，它们多数都认同一个先验的准则，即与动物生命相比，人类生命更有价值，且在道德层面更加优越。正是因为这种价值上的等级差异，人们才反对在人类种族屠杀和动物种族灭绝之间进行比较。②

如上文所言，德里达的目的是消除这类价值等级。因

---

① 查尔斯·派特森在《永恒的特雷布琳卡：我们对待动物的方式以及纳粹大屠杀》（Charles Patterson, *Eternal Treblinka: Our Treatment of Animals and the Holocaust*, New York, Lantern, 2003）一书中对艾萨克·辛格的思想进行了深入探讨。

② 人们对此见解各异，波利亚·赛克斯在《纳粹独裁统治时期的动物：宠物、替罪羊以及大屠杀》（Boria Sax, *Animals in the Third Reich: Pets, Scapegoats, and the Holocaust*, New York: Continuum, 2000）中陈述了多种不同的观点，并分析了每种观点的优点和缺陷。

此，他并没有像其他理论家一样基于人本主义的理由而拒绝在人类种族屠杀和动物种族灭绝之间进行比较。他指出，动物种族灭绝现象时有发生，并层出不穷（“动物种族灭绝的现象仍然存在：由于人类随意剥夺动物生命，许多物种都濒临灭绝。”［*AIA*，394］）。他强调，在人类种族屠杀和动物种族灭绝之间进行类比会忽视动物的特殊处境和它们所遭受的苦难。人本主义者认为，在人类苦难和动物苦难之间不存在可比性，因为人类具有更多的内在价值。德里达对这一观点提出了委婉的质疑。他指出，我们或许可以拒绝（或至少复杂化）人类种族屠杀和动物种族灭绝之间进行的类比，然而我们的目的不是挽救人类沙文主义，而是想认真思考动物的独特处境。从这一目的出发，德里达写道：

> 不能滥用“种族灭绝”（genocide）这一说法，也不能试图去敷衍搪塞它。因为在这里这一说法变得复杂化了：人们为自身目的给某些动物物种建构了一种人工的生存模式，这种生存模式如地狱般恶劣，动物们承受着永无止境的煎熬，这致使某些物种濒临灭绝。在前人看来，这样的生存模式想必是荒唐怪异、骇人听闻的。人们肆意延长动物的寿命，甚至使其数量过剩，打破了动物所特有的生存规律。可以说，这种人工的生存模式偏离了动物所特有的生存规律。举例说来，以纳粹时期的犹太人为例，他们被纳粹党人扔进焚尸炉或毒气室，

> 处境极为糟糕。如若换一种方式，医生和基因学家们用人工授精的方式过度生产和繁衍犹太人、吉卜赛人和同性恋者，给他们提供很好的食物，使他们总保持增长的态势。在这种情况下，人的处境注定同样糟糕。换言之，不管是强制进行基因实验，还是用毒气、火等进行种族灭绝，在本质上并没有什么区别，都是残忍的屠宰场。
>
> （*AIA*，395）

此处，德里达认为，我们不应滥用“种族灭绝”的说法，也不能随便敷衍搪塞它。他的观点是经过深思熟虑的，因此中肯透彻。一方面，他认为，人们不应唐突轻率地在人类苦难与动物苦难之间进行比较。另一方面，他又指出，我们绝不应因为一个先验的理由（即人类所遭受的苦难比动物所遭受的苦难重要，而且更有价值）而摒弃所有的比较。因此，摆在我们眼前的有两个艰巨任务。首先，人类的苦难和动物的苦难有其各自的独特性，要学会在其各自的独特性中思考这两种苦难。其次，要留心观察这两种苦难相互关联的相似之处，探索其中的运作逻辑。要完成这两个艰巨的任务，就必须要摒弃（至少应以一种批判的眼光来看待）这种等级森严的人本主义形而上学，它源于存在神学传统——正是这一传统阻碍我们用非人类中心主义的方式来思索动物问题。

德里达提出，在过去的两个世纪里，人类对动物的暴力现象成倍增长，这种现象是前所未有的。在这种境况下，我们一直在讨论“动物对人的屈从”。但德里达提出了另一个相关命题，探讨了人与动物关系的崭新变化：诚然，人类对动物的暴力现象日益增多，德里达也呼吁人们注意，“动物保护运动”也在不断增多，力量日益扩大。他将这股力量描述为：“由诸多少数、弱势、边缘的声音组成，他们没有任何话语权，权利话语也得不到保障，更不能在法律范围内来维护他们话语权的制定。”这些声音旨在“使我们意识到我们对各种生命形式的责任和义务”（*AIA*，395）。当今社会有两股截然相反的力量，一股力量对动物采取大规模、工业化和集约式的暴力范式，而另一股力量则持保护动物的立场。人们对动物的怜悯应达至何种程度？关于这一问题，这两股力量进行着旷日持久的斗争。对德里达来说，这是一场“不平等”的战争，因为动物保护和权利运动明显居于弱势。对动物的暴力行径与动物保护运动之间的斗争是德里达所提出的一个重要命题。他提出一个值得我们去深思的问题，即这场不平等的较量，是由多种因素决定的。然而不管怎样，我们须思考这场斗争，它已然成为我们所不能回避（用德里达的术语来说是“不能推卸的”，incontournable）的话题，这便是我们正在经历的时刻。从某种意义上来说，人们对待动物的态度问题（是残暴还是同情）已成为我们时代的一个主要问题。因此，在虐待动物与同情动物之间展开的这场战争：

> 正在经历一个关键阶段。我们正在这个阶段，这个阶段也在我们身边经过。设想一下这场战争，我们会发觉，这不仅仅是一种责任，一种义务，也是一种必要性。这种必要性是每个人都持有的一种约束——不管你喜不喜欢，不管是直接还是间接。从此这种必要性要胜过以往任何时候。我刚才说“设想”这场战争，这是因为它涉及我们所称之为“正在思考”的东西。
>
> （*AIA*，397）

此处的“正在思考”表明这一问题处在哲学和形而上学传统的边界上，思考这一问题所利用的资源不可能完全是这一传统中的资源。在动物问题方面，成功的思想实践能够从根本上对形而上学的人类中心主义提出挑战。动物保护和动物权利运动是否可以提供这样一种别样的思想实践？围绕着这类问题我们可以论述德里达对现存动物伦理话语的态度。

如该章开头部分所言，德里达的动物思想中包含一种积极的伦理政治维度。目前动物伦理领域有诸多争论，这一维度是怎样与这些争论联系起来的？尽管德里达没有在文本中明确提到彼得·辛格（Peter Singer）、汤姆·雷根（Tom Regan）等哲学家，然而他在整体上也赞同动物解放和动物权利运动的目标。在接受记者伊丽莎白·卢迪内斯库（Elizabeth Roudinesco）采访时，德里达明确指出，他反对一系列虐待和残杀动物的做法，这包括：工厂化的农业、工业化宰杀、工具性形式的实验、斗牛等。① 许多人对素食主义持反对意见，他公开批判了一些主流的反对意见，这包括：营养缺乏症（人们认为，素食所提供的营养是不充分的），烹饪传统（在烹饪传统中，肉类是必不可少的），动物之间的暴力行为（既然动物之间可以互相杀戮或吞食，为什么我们就不能呢?）。此外，他曾多次（不仅在这次的访谈中，还在其他文本中）明确指出自己对动物权利运动持同情和支持立场。彼得·辛格、汤姆·雷根以及其他英美哲学体系中的思想家们对动物权利在伦理和政治方面的重要性问题都有过精妙的论述，德里达在此问题上的论述远不及他们详尽。然而，我们可以肯定一点，即无论英美哲学家与德里达的思想在理论和伦理方面存在多大的差异，德里达与动物伦理的主要目标在许多方面是重叠的。

或许会有一些读者感到失望：为何德里达没有提出一个具体的政治纲领？为何他没有提出一种严谨的伦理学思想来作为这一政治纲领的根基？这些读者认为理论可以直接引导实践，然而这种观点是有问题的。在德里达看来，伦理和政

---

① 德里达：《虐待动物》（“Violence Against Animals”），后文简称 *VA*。

治之间的关系是一种无法克服的困境。除此之外，这些读者也没能理解德里达的目的，即质疑主流的思维方式。在他看来，我们不能依赖这些主流的思维方式，应探索别样的路径。诚然，德里达对动物权利和解放运动报以同情，然而，现有的伦理和政治话语机制是否能从根本上改变我们的思维方式，改变我们与动物之间的关系呢？德里达对此深表怀疑。解构主义思想正是于这个层面试图去建构一种别样的关系（伦理）思想和实践（政治）思想，尝试超越人类中心主义传统和体制的局限性。这项任务十分艰巨，不仅需要付出大量的时间，也需要无穷的创造力。这并不意味着德里达在动物的生存现状方面是一个宿命论者，他支持动物权利运动，因为动物权利运动尝试最大限度地限制人们对动物的暴力行径。然而同时，他又与主流的动物权利话语实践保持距离。他认为，若想在根本上改变人与动物之间的关系，就必须要解构“道德权利”“法律权利”等概念，摧毁这些概念背后的形而上学和哲学根基。

因此，考虑到现有体制和当今的激进主义和干涉主义策略，德里达主张建构一种语境式（contextual）或境遇式（situational）的伦理和政治学，这种伦理、政治与动物权利保持一致。所谓境遇式的伦理和政治学，其实就是在具体的情境中做出恰当决断，运用尽可能多的知识，在所及的范围内给予动物“最大的尊重”（*VA*，73）。德里达并没有给我们提供一种权威的行动方案，他认为，我们须用一种“缓慢而渐进的方法”（*VA*，74）来消除人们对动物的暴力行径。动物福利主义者们与废除主义者们在激进策略方面有过许多争论，据我所知，德里达从来都不曾涉足这些争论。然而，他曾就现实生活中的动物权利政治发表过各种评论，他的主张大概与“渐进式的废除主义”观点最为接近——法律理论家、活动家加里·弗兰西恩是这一观点的拥护者。① 在动物暴力问题上，德里达主张“伦理情境主义”，在某一特定的政治情境下，他可能支持改进某种暴力实践（如攻击性的医学实验），而不主张废除它。归根结底，在动物权利的总体策略方面，德里达的立场仍然是含糊不明的——无疑，他有意如此。

无可争辩的苦难

如上所言，德里达的动物著作都是在某种“原初伦理”律令的引导下完成的，正是这一律令使德里达同情动物权利运动，也正是这一律令使他批判哲学传统中的人类中心主义色彩。结合英美动物伦理学中的既有论争，我在上文中梳理

---

① 加里·弗兰西恩在《无雷之雨：动物权利运动的意识形态》（Gary Francione, *Rain Without Thunder: The Ideology of the Animal Rights Movement*, Philadelphia: Temple University Press, 1996）一书中对“渐进式的废除主义”概念进行了详尽论述。

了德里达具体的伦理政治立场。为了更全面地理解德里达的动物思想，我们有必要去审视这一“原初伦理”律令（这是德里达思想的根基），有必要去探究他与人类中心主义之间的交锋。我在上文中探讨过德里达的情境主义伦理和政治，与之相比，这两个问题要复杂得多。这两个问题是下文所要重点探讨的内容，读者需对这两点铭记于心。

在《动物故我在》一文中，德里达专门探讨了杰里米·边沁（Jeremy Bentham）的动物思想。结合对边沁思想的探讨，他明确阐释了“原初伦理”律令的观念。在《道德与立法原理导论》（*Introduction to the Principles of Morals and Legislation*）一书中，边沁哀叹道，人类将动物视为纯粹的物。与此同时，他指出，有很大一部分人类也和动物的处境一样，遭受着别人粗鲁恶劣的对待，他对此深表痛惜。①对边沁来说，人们不应忽视人类自身和动物所遭受的苦难，他希望有一天这种不公正现象能够得到改善：

> 或许有一天，其余的动物将会从暴政的手中获得那些绝不可能不给它们的权利。法国人已经发觉黑色皮肤

① 边沁的动物思想其实是非常复杂的，可参见加里·弗兰西恩在《动物权利导论：你的孩子还是狗?》（*Introduction to Animal Rights: your Child or the Dog*? Philadelphia: Temple University Press, 2000）第六章中对此的梳理。

> 并不构成人被抛弃、被任意折磨的理由。或许有一天人们会意识到这样一个事实，即腿的数量、皮毛的状态、骶骨末端的状况等同样也不足以使人们将这样一种可以感知的存在者抛弃，听凭其落入悲惨的境地。还有什么东西可以描绘出那条不可逾越的界线呢？是理性思考的能力吗？或者是谈话的能力？……问题的关键不是它们能否用理性思考，不是它们是否能够交谈，而是它们是否能够承受苦难。①

在《动物解放》(*Animal Liberation*) 一书中，彼得·辛格也援引了这段话，并将其作为全书的核心思想。书中，辛格借用了边沁的"结果论""基于感知的享乐功利主义"等观念，并在此基础上提出了"偏好功利主义"观念。他在论证过程中将动物的利益、偏好与"不遭受痛苦"联系起来。辛格在论及边沁时指出，动物身上是否有某些人类的特征（理性、说话的能力等）并不是首要的伦理问题，因为这些特征与一个简单的事实毫无关联，即在有感知能力的存在者那里，遭受痛苦和偏好的受挫是引导人们做出道德决定

---

① 杰里米·边沁：《道德与立法原理导论》(Jeremy Bentham, *An Introduction to the Principles of Morals and Legislation*, ed. J. H. Burns and H. L. A. Hart, Oxford: Oxford University Press) 第 283 页，注释 6。

的两个主要因素。在边沁和辛格所提倡的功利主义框架中，动物所遭受的痛苦以一致性和公正性原则为基础，须被纳入道德考虑的范围之中。

到目前为止，我们已对德里达的动物思想有所了解。显然，德里达会赞同边沁和辛格的基本主张。如上所言，边沁和辛格都认为应将所有可以感知的存在者都纳入道德考虑的范围之内，德里达会同意这一逻辑的浅显层面。然而，德里达并没有关注边沁的这些论述，同样，他也没有提到辛格，尽管他对此比较熟悉。他关注的是边沁所提出的问题："问题的关键不是它们能否用理性思考，不是它们是否能够交谈，而是它们是否能够承受苦难。"在德里达看来，边沁的发问在本体论和"原初伦理"层面都具有潜在的革命性。

从动物问题的"原初伦理"层面来说，德里达希望我们以一种别样的方式来理解边沁的话。从某种意义上说，边沁和辛格所关注的焦点截然不同。德里达不去探索动物感知快乐和痛苦的能力，不去细究它们对某些事态的偏爱。他利用边沁的发问来探讨动物所呈现出的敞露问题，探讨动物的有限性和脆弱性。从表面看来，边沁探讨的是能力和官能问题（它们是否能够承受苦难），德里达指出，"能力和官能"不是动物伦理的最终根基。换言之，此处所提出的问题（动物是否能够承受苦难？这种受苦应该有多大的道德分量？）不是人与动物之伦理关系中的最原初问题。确切地说，这一问题指向了更为根本的东西，或者说它包含了某种更为根本之物的踪迹：我们与“动物的苦难”偶然照面，这一苦难有一种中断性力量，打乱了我们的活动，它要求并驱使着人们去思考动物问题。因此，动物问题其实是对之前某个事情或事件的回应。不管边沁或其他动物伦理学家有没有明确谈起过这样一个事件，这一问题的提出已然证实了该事件的发生。

如果人们想理解德里达探讨动物伦理的方式，就须理解这一“事件”概念，理解这一“原初伦理”的照面——正是这一照面使人们开始关注动物问题，正是这一照面建构了一切积极的动物伦理。在论述动物问题缘起的过程中，德里达将他的思想与列维纳斯的伦理话语联系起来。列维纳斯的伦理话语也是从一次照面出发（一次与“他者面孔”的照面）。然而，德里达意识到列维纳斯思想的局限性，即他将“面孔”概念局限在人类的领域。德里达在反思伦理问题时将动物生命涵括在内，他批判了列维纳斯思想中的人类中心主义倾向，并在此基础上驳斥了那些仍束缚在这种人类中心主义思想中的当代话语。值得注意的是，对德里达来说，动物伦理论争不仅仅探讨人类道德理性中的合理性或公平性问题。诚然，在讨论相关规范和政策时，公平性、合理性占有一席之地。然而，如果只关注合理性，只关注动物伦理论争，我们便有可能忽略那一个事件、那一次照面——这一照面是我们思考动物问题的根本原因。德里达认为，从伦理和情感上来说，认识到动物遭受痛苦的“能力”并不会打动人们。当我们与不能避免痛苦的动物照面，看到它们肉体的脆弱性，看到它们所受到的伤害，这能够深深地触动我们。列维纳斯指出，“面孔”的脆弱性和身体的表现性能够呈现出一种破坏性力量。德里达在此基础上指出，动物所表现出来的脆弱性也具有一种破坏性力量：在这里，人的利己主义受到质疑；在这里，动物的脆弱性召唤着人的同情心。

> 能够承受苦难不再是一种能力，它是一种没有能力的可能性，一种不可能的可能性。必死性寓居于其中，它是我们思考有限性最根本的方式，是我们与动物所共有的特征。必死性正是生命的有限性，是有关同情心的体验，是人类与动物所共有的对“没有能力的可能性”的可能性体验，是不可能的可能性，是因为脆弱而导致的痛苦，是因为痛苦而产生的脆弱。
>
> (*AIA*, 396)

因此，在德里达看来，边沁的问题（动物是否能够承受苦难?）并没有简单直接地将我们导向有关动物所受之痛苦（这种痛苦的性质、程度以及其道德重量）的探讨和争论。在英美哲学传统中，这类争论一直是人们对边沁问题的主流反应，这使得整个探究领域都集中在以下问题的讨论上，即动物是否真的能够承受痛苦？这在多大程度上可以证实？这些实证结果在规范和法律方面有何意义？哲学家们对动物所受的痛苦还存有某些方面的质疑,[1] 加之公众对许多动物的生存境况一无所知。考虑到这些情况，有关动物问题的上述争论必定为某一重要的伦理和政治目标服务。然而，这些争论也往往避开了一些重要问题，如人与动物之关系中更为艰涩、更具有破坏性的某些方面，尤其是人与动物所共有的有限性以及它们所体现出来的敞露。[2]

德里达将注意力放在对上述艰涩问题的讨论上，其目的是让人们意识到如下事实，即人类与动物“面孔”的相遇拥有无可争辩的强大力量。他强调，不管我们对动物“面孔”持肯定态度还是否定态度，也不管我们对这种相遇持何种立场，这种力量的强大是不可否认的。这两种态度都证实了这种力量的存在，也证实了动物面孔的脆弱性和表现性——动物面孔打动人心，直击人类灵魂。人们无法否认这一“情动”结构，而哲学也很难将这一结构纳入其体系之中。现代哲学忠实于笛卡尔主义和科学，热衷于对明确无疑之物（the indubitable）进行探究，对不可否认之物（the un-

---

① 参见彼得·卡拉瑟斯:《动物问题: 实践中的道德理论》(Peter Carruthers, *The Animals Issue*: *Moral Theory in Practice*, Cambridge: Cambridge University Press, 1992)。

② 参见柯拉·戴蒙德:《现实难题与哲学困境》(Cora Diamond, “The Difficulty of Reality and the Difficulty of Philosophy”), 载于《部分答案: 文学与观念史杂志》(*Partial Answers*: *Journal of Literature and the History of Ideas*, nos. I, 2, June 2003), 第1-26页。

deniable）不感兴趣。哲学家们想证明动物是否真的可以承受苦难，证明它们是否意识到它们所遭受的痛苦。同时，他们也需要一个理由来解释动物所遭受的痛苦为何应该同人类所遭受的苦难相提并论。然而，这样一场论争的前提是：1. 人与动物的共同敞露以及它们所共有的有限性；2. 动物所承受的苦难有一种中断性力量，可以打动人心。这种力量并不具有普遍性，无疑也程度不一，然而它通常足以引起一场关于“人类对动物之同情心”的“论争”。此处，德里达认为，从“原初伦理”的敞露层面来思考动物问题会对现代伦理和政治的形而上学根基形成挑战，将会从别样的角度来重新定位思想。有鉴于此，他认为边沁的问题可能会改变动物哲学问题的本质。

> 人类曾在某些动物身上看到过害怕、惊慌与恐惧，见过它们所受的痛苦，没有人会否认这一点……我们对“动物是否能够承受苦难”这一问题的回答十分明确，不存在任何疑问。实际上，这一问题也没有给人们留下怀疑的空间，它先于“明确无疑之物”。同样，我们所显露出来的恻隐之心也是不容置疑的，即便人们曾经误解它、压制它，甚至否认它。动物是否能够承受苦难呢？是的，动物承受着苦难，就如同我们因它们而承受着痛苦，并与它们一起承受着痛苦。这一“不可否定”的回应要先于所有其他的问题。在这一回应之前，“动

物是否能够承受苦难”这一问题从根本上改变了一切。

(*AIA*, 396-397)

如果我们从这一思想出发来思考问题，会对动物伦理和政治产生什么样的影响？我将在本章的最后一节来探讨这一问题。

德里达坚持认为，从“原初伦理”的层面上说，动物所承受的苦难有一种中断性力量，这种力量使我们产生“情动”，质疑着我们，它要先于一切动物伦理的论争和反思。德里达并没有将动物的中断性能力简单地限定在它们的脆弱性和易受伤害等方面，这一点是德里达的独创，也是他动物思想中富有争议的观点，正是这一观点使他与列维纳斯进一步区分开来。无疑，脆弱性是中断性力量的典型“场所”(site)，但我们不能将这一敞露的典型方式看作是“原初伦理”相遇的所有方式（我曾在第三章中强调过这一点）。动物有多种方式来侵扰我们，质疑我们通常的思维方式，呼吁我们承担责任——这其中有许多方式属于“原初伦理”的范畴。

在德里达探讨动物问题的所有文本中，有一个最值得我们注意的时刻。在《动物故我在》一文中，德里达描述了自己与一只家猫的照面——这是一次非典型的“原初伦理”相遇。为了能理解德里达的动物思想，笔者避免总体性的论述，尝试细致探讨这一特殊性时刻。此处，我的目标有两个：1. 深入理解德里达思想中的“原初伦理”维度；2. 探讨德里达是如何用“原初伦理”思想与存在神学人本主义中的人类中心主义倾向进行对抗的。

一直以来

在《动物故我在》一文中，德里达描述了他与一只猫的特殊相遇。他如此问道：“长期以来，我们是否可以说动物一直在看着我们？”（*AIA*，372）。戴维·威尔斯（David Wills）是这篇文章的英文译者，他文章脚注中指出，这句话其实可以译为：“长期以来，我们是否可以说动物一直是我们关注的话题呢？”从某种意义上说，我们一开始便思索这个问题：在德里达“长期以来”的研究中，动物问题是很重要的问题吗？显然，德里达的许多读者忽视了这一点。在我看来，德里达一直在关注动物的处境问题：动物问题不仅在哲学史上占有重要地位，也贯穿他思想的始终。因此，他在《动物故我在》一文中告诉我们：“生物问题（尤其是动物问题）”对他来说“始终是一个最为重要、最为关键的问题”（*AIA*，402）。然而，德里达的发问还是前一层的含义更为明显，即“长期以来，我们是否可以说动物一直在看着我们？”戴维·威尔斯也认为这一层含义更为重要。当德里达在《动物故我在》中回顾自己以前的相关著作时，他所重点关注的或许正是这一层含义。德里达发现自己处于动物的注视之下，这一问题就是对这一独特事件的回应①。或许德里达所有关于动物的著作都带有此类事件的一些踪迹。

此处，我们要讨论的这个“例子”是德里达的亲身经历——他与一只猫照面，确切来说，他与猫的注视发生了照面。德里达强调说，这不是一只任意普通的猫。尽管他经常在作品中求助于一些动物形象，然而这个例子中的猫，这只正注视着他的猫，不是波德莱尔或里尔克诗歌中的猫，也不

① 德里达曾经对“事件”“发明”以及一系列与“将来”相关的词语进行了探讨，极具创见，可参见《心灵：他者的发明》（“Psyche：Inventions of the other”，in *Reading de Man Reading*，ed. Lindsay Waters and Wlad Godzich，Minneapolis：University of Minnesota Press，1989），第 25－65 页。在《心灵：他者的发明》（该文初次发表于 1984 年）中，德里达指出，“发明”是一个传统概念，通常将“动物”排除在外。“人们不会说动物发明创作了某物，即便有时说起此事，人们也会这么说：动物对工具的生产和操作类似于人类的发明。”（第 44 页）“发明”这一传统概念以及人类独特的“技术”能力，可以让我们理解人类中心主义与形而上学人本主义之间的内在关联。“这种技术、认识论、人类中心主义的维度将发明的价值铭刻在结构的集合中，这些结构差别性地将技术秩序与形而上学人本主义绑缚在一起。”德里达进一步指出，如果我们根据“他者的到来”来改造“发明”概念，“那么我们就必须质疑或解构‘发明’概念的传统（主流）含义，解构这样一种神秘的历史——这一历史在约定俗成的体系中将形而上学、技术科学与人本主义关联在一起。”（第 44 页）

是布伯笔下正在注视着的猫。①德里达正在谈论的猫是“一只真正的猫——真的，请相信我——一只小猫……有许多猫科动物出现在神话、宗教故事、文学作品以及寓言中，而此处悄悄进入我房间里的猫并不是地球上所有猫科动物的象征”（*AIA*, 372）。同样道理，这只猫的注视也不是随随便便的注视。这只小猫对他的注视发生在一个非常奇怪的时刻：此时的他一丝不挂。德里达告诉我们，这只小猫跟随他进入浴室，看到他赤身裸体。当发现自己在猫的注视下“一丝不挂，沉默不语”时，他如此说道：

> （我）无法压抑因自己的一丝不挂而产生的本能反应。对于这种不得体行为的抗议使我无法保持沉默。这种抗议源于我发现自己在一只猫面前赤身裸体，性器官暴露在外，而且这只猫还在一动不动地看着我……这是一种有关“行为不得体”的体验，这种体验是独特的，是无与伦比的，也是原初的。它以“赤裸真理”的面目出现，在动物持久的注视之下。动物的眼神也许是亲切的，也许是冷漠的。它注视我有可能是出自好奇，也有可能是为了认知。
>
> （*AIA*, 372）

---

① 德里达在《动物故我在》一文中对这些猫的形象进行了简短的探讨，详见《动物故我在》，第376页。

德里达发觉自己在一只猫的注视下赤身裸体，他无法轻易克服油然而生的尴尬心理。他将这一时刻铭记于心，并在研讨会上（此次研讨会的主题为“自传性的动物”）提出一个自传性的问题：此刻的我是谁？这一问题引导着他对这次会议的整体思考。

> 我经常出于好奇问我自己，我是谁？当我在某一动物（例如，一只猫）的注视下一丝不挂、沉默不言，我会备受困扰，要经历一段艰难的时间来克服这种局促不安。那么，此刻的我，在猫之注视下的我是谁呢？正跟随谁呢？①
>
> 这种局促不安的根源在哪里呢？
>
> （*AIA*，373）

德里达并没有提及这一根源所在，然而尼采对这一问题

---

① 值得注意的是，在德里达这里，“跟随”（suivre，对应的英文为 follow）一词的意义是非常丰富的。一方面，德里达用《圣经》的场景来解释“跟随”，造物者先创造了动物，再创造了人，人是“后来者”，“后来者”应跟随“先来者”，然而人类却僭越了自身的身份，成为动物的主人；另一方面，德里达深受列维纳斯的影响，在《总体与无限》中，列维纳斯指出，家政中的“我”应向他者敞开家门，将自己的财物变成礼物，将家宅变成客栈，将他者的需求置于“我”的需求之前，“我”跟随他者。此外，在德里达看来，人们等电梯时的日常用语“after you”（您先请，我跟随你），也具有原初伦理的意味。——译者注

给予了回应：我们之所以会羞耻于在别人面前赤身裸体，这不是因为我们内在的“兽性”在这样的时刻显露无遗，而是因为“赤裸的人类通常是一道可耻的景观”，尤其是现代的欧洲人，他们是“驯服、病态、羸弱、残疾的动物……畸形、残缺、虚弱、笨拙”。因此，“良善”的欧洲人必须用衣服来遮掩、用道德来装饰这一可耻的动物，使之显得高尚、体面。①我认为德里达应该会同意尼采的观点。实际上，当德里达在反思自己的羞耻之心时，他已然证明了尼采的观点。他如此写道：“因何而羞耻？在谁的面前感到羞耻？因为自己像动物一样全身赤裸而感到羞耻。”（*AIA*, 373）德里达之所以感到羞耻，是因为他发现自己在一只猫的注视下赤身裸体——我猜这种感觉非德里达所独有。这种羞耻感源自在他者面前赤身裸体，像动物一样完全暴露，换言之，像傻瓜一样赤条条。

然而，这一“准尼采式”的回应又提出了关于它自身的问题。“像动物一样全身赤裸”是什么意思？严格说来，我们是否可以说动物是赤裸的？我们是否可以说动物处于裸露之中？如果我们假定动物不具备对赤身裸体的理解（德里达还不至于作此假设），那么为何当我们在动物注视下赤身裸体时会产生一种羞耻感呢？德里达指出，人们普遍认为只

---

① 参见弗里德里希·尼采：《快乐的科学》（*The Gay Science*, trans. Josefine Nauckhoff Cambridge：Cambridge University Press, 2001），第352页。

有人类才能够赤身裸体，或者说只有人类才能够以赤身裸体的形式存在，因为只有人类才具备对裸体的理解。我们知道，人类有诸多专有的“特征”或属性，这些特有的品质将人类与动物区别开来。而此处，穿衣服成为人类的一个基本“特征”。人们通常认为，穿衣服是人类的专有特征，因为只有人类在面对自己的裸体时才会感到羞耻。“穿衣服”这一特征与人类的其他专属特征（如理性、说话、死亡意识、伦理、绽出等）一道形成了一个结构。动物日益侵犯着人类的独特性，而这个结构明晰地将人类与动物严格划分开来。

无论是从常识角度还是从哲学判断角度来说，德里达在赤身裸体时所引发的羞耻感只能证实他作为人类的独特性。他在某个动物的注视下感到羞耻，这种情况相当奇怪。我们也许可以将其解释为一个“范畴错误”，一次幼稚、错位的拟人化描写。然而，读者们也许会思忖，事实远非这样简单。在这种情况下，德里达不清楚他自己是谁——他的羞耻感是人类的还是动物的？他“是像不再具备赤裸意识的动物那样感到羞耻吗？或者相反，他是像具备赤裸意识的人那样感到羞耻吗？因此我是谁？我到底跟随谁？我们应该去问谁这个问题？难道应该去问那只猫吗？”（*AIA*，374）为了确定这一刻所发生的事情，我们需求助于一套范畴、概念（如自我、他者、人、动物等），然而德里达与猫的这次偶然相遇对这些概念提出了质疑。德里达笔下的相遇总体而言不是与“某种动物”之注视的相遇，这里的动物是一只独特的动物，一只小母猫，且它的注视是神秘离奇、超乎寻常的。这只母猫是家养的动物，于我们而言它再熟悉不过了，然而它却具备质疑这种熟悉感的能力。①

---

① 参见约翰·博格的《为何注视动物?》(John Berger, "Why Look at Animals?")，载于《看》(*About Looking*, New York: Pantheon, 1980)。在该文中，博格指出，当今，我们与另一个动物照面几乎成了一件不可能的事情。他说道："人类与动物之间通常所发生的注视已经消亡了……对于文化资本主义来说，这是一种不可挽回的历史性损失(动物园便是典型)"(第27页)。这可能会促使我们思考如下问题：如何规定德里达与家猫之注视的邂逅？这种邂逅可能不是真正意义上的与动物他者的邂逅，这里的家猫相当熟悉，已经被整合到家庭之中(第13页)。德里达的家猫仅仅是一只家庭宠物吗？它仅仅是德勒兹和加塔利意义上的"俄狄浦斯的动物"吗？在《千高原》中，德勒兹和加塔利探讨了三种不同类型的动物，详见《千高原》(*A Thousand Plateaus*: *Capitalism and Schizophrenia*, trans. Brian Massumi, Minneapolis: University of Minnesota Press, 1987)，第240-241页。本书第一章也曾简单探讨过这三种类型的动物。对于这个动物来说，尽管它看起来很熟悉，但它最终粉碎了德里达想将它概念化的一切尝试，也许事实并非如此。虽然德里达与家养动物的这次邂逅使他的"动物消失"命题复杂化了，然而即便是博格也承认家养动物能够令人"大吃一惊"(《为何注视动物?》，第3页)。在所谓的家养动物问题上，德勒兹和加塔利也同样持此观点。在描述"俄狄浦斯的动物""国家的动物"以及"集群的动物"之间的区别时，德勒兹和加塔利如此写道："难道不是所有的动物都可以用这三种方式来描述吗？所有动物(如虱子、猎豹或大象)始终存在着被当作宠物的可能性，我的小野兽。同样，从另一极来看，所有动物也始终存在着被按照集群的方式来对待的可能性……即便是猫和狗"(《千高原》，第241页)。

实际上，在这些最低限度的概念化描述（猫—小猫—小母猫）之前，德里达便已被这只猫的注视所触动。他指出，他所谈到的猫不是“比喻”意义上的猫，而是一只“真实的猫，真的，相信我，一只小猫”。当他如此描述时，他已意识到此类语言的不足之处，意识到在“比喻”与“真实”等概念之间作出区分是颇成问题的。在此德里达（略显笨拙地）试图描述一些别样的想法，而这些想法是现存语言范式所不能描述的，即这只特别的“猫”是绝对独特和不可替代的存在，它那超乎寻常的神秘注视是别的动物所无法替代的。

> 如果我说看到我赤身裸体的是“一只真实的猫”，那是为了突显其无法替代的独特性……诚然，我已经识别出它的性别。然而即便是在这种识别之前，我也将其看作是“这一”不可替代的生物：它于某天闯入到我的领域，进入一个可以与我邂逅的空间，看到我，甚至看到赤身裸体的我。这里所描述的猫是一种拒绝被概念化的存在，对此我十分确定。
>
> （*AIA*，378-379）

如何用语言和概念来抵制概念化？这是德里达从早期以来一直关注的一个核心问题。后现代理论家史蒂夫·贝克（Steve Baker）在评论德里达这段话时不得要领。他认为，当我们提到“深刻奥妙的解构主义行动”时，会自然而然地想到德里达的思想。然而，当德里达谈及某一“真实”的动物时，他已然抛弃了“解构主义行动”。德里达急于让他的读者相信一点，即他所提及的猫可以被理解为一只“真实”的猫（这绝不含有讽刺意味）。①贝克指出，研究和阐释德里达的这个举动不仅具有启发意义，而且还十分有趣。贝克对这段话的评价暴露出人们理解“解构主义理论”时的典型误区。他们普遍认为，解构主义力图悬置所有将我们监禁在语言的牢笼中的指涉。德里达并没有悬置指涉的可能性，恰恰相反，他自始至终都在致力于将传统的指涉理论复杂化。②除此之外，我们还需思考一些至关重要的议题：1. 使用简化的语言来指涉他者所带来的问题；2. 在某些话

---

① 史蒂夫·贝克：《后现代的动物》（*The Postmodern Animal*, London: Reaktion, 2000），第 185 页。

② 在《有限公司》（*Limited Inc.*, Evanston, Ill.: Northwestern University Press, 1988）一书的后记中，德里达谈及“指涉”问题。他说道：“我所称之为‘文本’的东西意指一切被称之为真实、经济、历史、社会体制的结构，简言之，它意指一切可能的指称物。所谓的‘文本之外别无他物’并不是说一切可能的指示物都被悬置、被否定、被封闭在书本中，就如人们所声称的那样，或天真地认为如此，人们也指责我这样认为。其实不然，‘文本之外别无他物’指的是一切指示物、一切现实都有一个差异化的踪迹结构，我们不能在某种解释经验之外来指涉这种真实。”第 148 页。

语中（如哲学话语，究其本源，这些话语都遗忘了他者的他异性）寻找一种非简化的方式来标示出他者的影响。

德里达强调这只猫无可取代的独特性。如若有人将这只独特的猫简化为知识的研究对象（无论是哲学知识还是其他方面的知识），德里达必会持反对态度。德里达不知道在猫注视他的这一刻他是谁，同样他也不知道注视着他的猫在这一刻到底是谁。他与猫的邂逅发生在一个不合时宜的时刻，一个混乱脱节的时刻。这一时刻早于理解和识别，或者说它发生在理解和识别的范围之外。在这一"非知"的场景中，人类发现自己暴露在动物的面前，这有些疯狂，因此德里达将这次偶然的照面称为"疯狂的舞台效果"（*AIA*，380）。他指出，《爱丽丝梦游仙境》中柴郡猫的台词特别适合来描述这一场景："我们都疯了！我疯了，你也疯了。"（*AIA*，379）德里达试图在这一疯狂的时刻回答"我是谁"这一自传性问题，然而他却无法恰当地对其进行"哲学"回应。①这一点在他意料之中，因为只有摆脱疯狂、回归自我、恢复理智、重拾冷静，才能回答"我是谁"这个问题。在这一疯狂的时刻，我无法弄清"我是谁"（无论这个"我"是主

① 早年，德里达在《我思与疯狂史》（"Cogito and the History of Madness"）一文中探讨了疯狂、哲学和理性在福柯《疯癫与文明》一书中的作用，载于《书写与差异》（*Writing and Difference*, trans. Alan Bass，Chicago：University of Chicago Press，1978）。

体、“我思”、统觉的先验统一、先验自我，还是自觉意识)，这是因为这个“我”无法对这一体验进行整合，无法充分理解这一经验的意义。严格说来，这个“我”只能出现在这一疯狂时刻（即“我”敞露在其他动物面前）之后。因此，对德里达来说，“我是谁”的问题似乎需要一个相当吊诡的答案：“我之所以存在是因为我所跟随的那个动物”，或者“因为我身边的那个动物，故我在”(*AIA*，379)。

从这一相遇的“原初伦理”层面来讲，我们可以这样认为：根据德里达的阐释，“我”只有在其他动物中或者说只有通过“其他动物”才能意识到自我的存在，才能获得自觉意识。这里的“其他动物”指的是其他生物，包括人、动物和其他存在者。这种相遇并不遵循黑格尔的“承认辩证法”原则。确切来说，它的发生先于任何认识，或者说，它是一切认识的源泉。这种相遇具有“原初伦理”的意义，因为在否定或拒绝他者的影响之前，我首先肯定了他者，我对他者说“是”。这个大写的他者与我相遇时在我内部留下了震颤的踪迹，我该如何回应这一踪迹？我该肯定它还是否定它？我该承认它还是拒绝它？这些内容构成了伦理学。德里达认为，动物伦理思想源于这种“原初伦理”的相遇，相应地，这些伦理思想也印证了这种“原初伦理”的相遇。也就是说，动物伦理不仅仅是理论的连贯性与合理性问题。

动物主体

通过上文的分析，我们可以更好地来审视德里达思想的本体论维度。如上文所言，本体论维度是德里达动物思想的难点。我在上一部分中重点关注的是动物问题中的自传性元素（德里达围绕自传性元素探讨了主体性和疯狂等问题），这一元素为我们探究本体论问题提供了十分有效的途径。我们知道，动物伦理学和政治学领域中有许多传统概念，这些概念都有一个共同的本体论根基。德里达对主体性和疯狂等问题的探讨指出了这一本体论基础的局限性。德里达《动物故我在》一文中描述了他与猫相遇的过程，在这一自传性叙述中，他有意强调这一相遇的“事件式”本质，强调这一相遇所蕴含的巨大力量——它中断了德里达对时间、自我和存在的体验方式。德里达所描述的这次他异性相遇（与另一个动物之他异性的相遇）可以帮助我们揭示出现存动物哲学话语以及动物伦理、政治理论（无论是支持动物的还是反对动物的）的局限性。

康德主义哲学、关怀伦理学、道德权利理论等是主要的伦理理论形式，这些理论都不愿将动物纳入它们的思考范围内。与之相比，一些新兴的伦理理论在动物问题上显得更加开放和包容。然而，这些新兴的伦理理论用一些其他手段来排斥和驱逐动物，从而建构自己的观点。不管是传统伦理理论还是新兴的伦理理论，它们在动物问题上采取同样的立场。首先，为了与这些主流的伦理理论交流对话，（新兴的）“亲动物”论者们在建构自己的伦理思想时须与这些主导性的伦理假设和范畴相一致，如道德主体、普遍性、自我与他者、互惠原则等，其中大多数的范畴都是一种人类中心主义的话语。可见，要使这些范畴服务于动物问题，须付出相当大的努力。其次，“亲动物”理论家们须用哲学上可以接受的术语来探讨动物问题，在当前的哲学系统中，这便意味着用“科学”和“生物学”的术语来阐述动物问题。在这些理论家们看来，动物并不是与人类语言和概念相异的存在，而是与这些意在描述它们的科学话语同延的存在。因此，动物伦理学家们极少求助于描述动物的诗歌、文学或艺术。但其实这些描述不同于生物科学、常识以及人类中心主义“智慧”的视角，它们可以帮助我们看到动物的另外一面。

简言之，这两个局限性如一组“近似于无形的约束”，注定会使动物伦理政治故步自封。“亲动物”的理论家们似乎有两个主要目标。首先，他们意图说明，某个经得起考验的伦理理论应该将动物生命涵括在内（无论从逻辑上、定义上还是从概念上）。其次，他们试图用这种伦理框架来阐释自己的观点，从而在法律和政治领域为动物谋取一席之地。彼得·辛格将这种策略称为“解放的逻辑”，这是一种道德论证和政治推理，通过类比论证的方式来延伸和扩展解放的话语。在思考动物伦理以及其他的革新政治运动时，人们通常持这种立场，极少有人去思索和质疑这种立场的根本前提。然而德里达的动物思想便在这一层面上提出了一系列质疑：这种思想和策略的关键点是什么？这种策略一方面敞开了某些伦理和政治的可能性，另一方面又阻止了某些可能性，它是如何运作的？它如何在不经意之间创造了新型的排除形式与等级划分方式？它有没有公正地对待动物？它有没有公正地对待人？此外，“人类”“动物”究竟是什么意思？不管是常识还是科学都对此有过诸多论述，然而我们是否可以（应该）去信赖这些论述？这些常识与科学话语可以足够应对我们的伦理政治思考与实践吗？

在接受伊丽莎白·卢迪内斯库（Elizabeth Roudinesco）的采访时，德里达明确说道，在现有的伦理、政治以及法律框架内来思考动物问题，既存在机遇，也存在隐忧。援引人本主义以及人类中心主义的法律、道德框架来为动物权利服务是一种“后果严重的矛盾策略”（*VA*, 65）——尤其是这一策略与动物权利运动中的解放、激进平等主义等观念相关联时。动物权利理论家和动物解放者一般采用传统人本主义和人类中心主义的标准来为动物谋取一些权利，或者保护它们免受痛苦。然而这本身就是一个奇特的讽刺，因为从历史角度来说正是这些标准证实了人类虐待动物的合理性。这样看来，像激进的环保主义者那样，动物伦理学家的主要目标是：批判传统道德理论中的排除主义与等级划分倾向，并在此基础上建构一种崭新的伦理观念。一些理论家为那些被排除在外以及被降格的生命谋求权利，他们应质疑传统道德理论。然而，大多数的动物理论和实践活动并没有这样做。如果说人本主义伦理理论存在许多局限性，如界线划分、排除主义以及等级划分，那么新兴的“亲动物”话语中也同样存在这些问题。大多数的动物理论家们不会为了建构一种崭新的伦理学而彻底摒弃传统的等级划分模式，他们只是认为这些传统的划分方式不恰当或不公平而已。对于其中许多理论家而言，将动物纳入道德考虑的范围内（值得注意的是，这些主流的动物伦理学并未将所有的动物都涵括在内）其实就是“救偏补弊”，这意味着用一种严格审慎且又令人满意的方式来绘制道德的界线。我曾在第三章中指出，界线的划分以及道德考虑的范围等问题一直是动物伦理学家们争论的焦点。在我看来，动物伦理的整体研究方法本身就是一个错误，而且有可能是在该领域内最严重的错误。人们通常认为伦理学须遵循人本主义以及人类中心主义的思路，换言之，人们应该延伸和扩展人本主义的解放话语，将以往被排除在外的群体（如动物）涵括在内。然而这种观点并没有先验的理由，我们不要认为采取这种方式是一种理所当然的事情，也不要将其看作是动物伦理地位之哲学争论中唯一合乎逻辑的方式。我们应该全面地审视它：这种策略是有用的，然而它具有两面性，既可以带来积极的影响，又会造成不良的后果。

“亲动物”的理论和实践有积极的一面，德里达对此给予支持和同情，我在上文中对此有过阐释。我们有必要强调德里达思想中的这一维度。一方面，我们要将德里达的思想置于欧陆哲学这一更为广阔的语境中来进行研究（欧陆哲学对动物以及伦理所持的态度主要有两种：要么保持沉默，要么给予否定）；另一方面，我们应强调德里达思想中的肯定性力量和伦理性动力。在我看来，德里达在动物问题上的明确政治立场以及阐述方式并无新颖之处。实际上，熟知英美哲学领域动物论争的读者可能会对德里达阐述动物问题的方式感到失望，因为他既不愿意更有计划性地去谈论动物问题，也不愿意详尽阐述他的立场。

无疑，德里达对动物问题的反思也有独创性和挑战性的地方，这表明他批判了动物伦理学中的主流哲学方法，指出了这些方法所带来的灾难性后果，审视了人们为规避这些后果而可能采取的方式。德里达做出了一个非常重要的判断，在文中我称之为“近似于无形的约束”——这些约束不仅支配着革新的动物思想，还将潜在的解放话语（这些话语力图取代形而上学传统）与形而上学传统绑缚在一起。这一批判思想的主导线索是“主体性形而上学”的批判——德里达将其与海德格尔以及其他反人本主义理论家的思想联系在一起。与这些理论家的思想相一致，德里达早期有许多文本都致力于揭露当代哲学中所残留的“主体形而上学”痕迹，这些痕迹以“在场”形而上学的形式呈现出来。此处的

“在场”是从“自我显现”（清醒透明的自我意识）以及“向他者显现”（他者最终被简化为同一或自我）两方面来理解的。总体说来，这些早期文本的目标有二：首先，指出“完全在场”的话语严格说来是不成立的；其次，指出凡是在追寻“完全在场”的地方，就总是有各种要素在发挥作用，如中断（interruption）、延异（différance）、增补（supplementarity）等。“自我”观念便以“完全在场”为基础，它的一个范例是现代哲学话语中“人类”主体概念。人类不同于其对立面（动物、自然、童年、幼年、疯狂等），因为人类可以通过意识和自我意识直接通达自身和他者，人类也能够在与他者邂逅的过程中保持自我的同一性。在西方哲学传统中，“人类”这一概念经常被用于区分人类与非人类动物。人们普遍认为，非人类的动物不会使用语言，缺乏意识和自我意识，缺乏认识在场的能力。

可见，主体性的形而上学和在场的形而上学都属于人类中心主义的话语。许多动物权利理论家并不打算废弃这种形而上学，而是力图将动物同化为传统的人类范式。他们通常认为，动物具备传统哲学所否定的那些特征（如自我意识、意识），因此，它们是完全的主体。拿汤姆·雷根来说，他认为动物和人类一样都是“生命的主体”，因此我们应该在道德上尊重它们。他写道，无论是人类还是动物，每一个个体：

都是生命的主体，是有意识的生物，是拥有个体福

> 利的生命。不管我们对他者的效用如何，拥有个体福利对我们来说意义重大。我们有需要和偏好，有信仰和感觉。我们能回忆往事，能期待未来。快乐和痛苦、喜悦和苦难、满足和挫折、持续的存在以及过早的死亡等构成了我们生命的所有维度。所有这些都对我们生命（作为活着的生命，作为体验着的生命，作为个体的生命）的品质产生了重大影响。①

对某些动物（尤其是那些有着“更高”认知能力的动物）来说，雷根的观点是准确的。雷根认为，动物与人类一样都是“生命的主体”，而这一假设的吊诡之处在于它同时将大多数动物排除在“生命主体”的范围之外。他本人也承认这一点，曾明确表示，自己的动物权利理论只适用于一岁以上的哺乳动物。②尽管雷根并不打算创建一系列新的排除机制（这些排除机制将不具备某种特征的动物排除在道德关怀的范围之外），然而他赞同用一种宽容仁慈的方式来划

---

① 汤姆·雷根：《为动物权利辩护》（“The Case for Animal Rights”），载于《动物权利与人类义务》(*Animal Rights and Human Obligations*, ed. Tom Regan and Peter Singer, Englewood Cliffs, N. J.: Prentice Hall, 1989)。也可参见《为动物权利辩护》(Berkeley: University of California Press, 1983）一书，在该书中，雷根对自己的观点进行了详尽辩护。

② 汤姆·雷根：《为动物权利辩护》，第78页。

分界线，这也恰恰起到了排除的效果。许多动物不是“主体性生命”，不符合雷根所制定的标准。同样道理，许多人也是如此。如若我们赋予“主体性生命”以道德的优越性，那么这种道德框架的逻辑后果是显而易见的：那些缺乏主体性的存在者伦理地位低下，甚至不存在什么伦理地位。

这一逻辑及其后果（等级划分、排他性等）是一种“近似于无形的约束”，塑造并限制了动物伦理的主流话语。德里达力图在人与动物之间的伦理关系方面，与这种“约束”进行对抗，从而建构一种别样的思想。考虑到这些主流话语在社会、政治以及哲学等诸多层面上的潜在影响，德里达批判了动物权利运动的法律至上主义以及法律改良主义观点。我曾在上一章中提及德里达对既有法律机制的态度，他认为，现有的法律机制不会为了将动物涵括在内而进行改革。①既有的法律机制以在场形而上学和主体性形而上学为基础，根本不把动物看作是完全的法律主体，就如人类中心主义的道德话语不把动物看作是伦理主体一样。这应该是意料之中的事情，因为传统法律和道德话语都是从人类中心主义和形而上学的基础上发展的，而这一根基是人类沙文主义以及例外主义的改革传统（而非颠覆传统）的主流策略表明了动物权利理论家想象力的缺乏。

---

① 德里达在《虐待动物》一文中评论道：“我不相信法律的奇迹”（*VA*，65）。

德里达希望我们能另辟蹊径，重塑动物问题，充分发挥想象力，从崭新的视角来思索动物生命以及人与动物之伦理关系等问题。他希望人们关注的第一件事情便是“主体性”概念是如何在历史层面上被建构出来的。至此为止，我主要探讨的是主体性形而上学的人类中心主义。然而德里达认为，主体性意义的建构须通过一种排他性关系的网络，这一网络远远超出了一般意义上的人与动物之区分。为此，他自创了“食肉-阳物逻各斯中心主义”（carno-phallogocentrism）一词来特指这一关系网络。这个词突出了传统主体性概念中的三个重要维度，即献祭（sacrificial；carno）、男性（masculine；phallo）、以及言说（speaking；logo）。德里达试图用这一概念阐释主体性形而上学的运作过程，即主体性形而上学是如何将动物以及其他存在者（尤其是女人、孩童、各种少数群体以及那些缺乏某种主体性特征的他者）排除在“健全主体”范围之外的？德里达指出，许多动物一直未受到基本的法律保护，人类亦然，人类中的“许多‘主体’没有被视为主体”，①他们和某些动物一样受到他人的虐待。这样做的后果是将人类中的某些群体排除在外，使他们和动物一样居于一种边缘化空间。人与动物的共同境况启发我们要思索人与动物被边缘化的过程，这有助于揭示主体性形而上学的运作方式及其后果。当然，动物与人类中不同群体的边缘

---

① 德里达：《法律的力量》，第951页。

化过程遵循着不同的历史和体制路线，且最终结果也是有所差异的。然而，我们须将人类与动物的从属地位结合起来审视，这有助于揭示主体性形而上学的排他性逻辑及其潜在的暴力本质。一些生态女性主义者（如卡罗尔·亚当斯）① 以及社会学家（如戴维·尼贝尔）② 曾阐述过类似的观点。从根本上说，这些学者力求表明一点，即今人在解决动物问题时通常将动物纳入道德和法律主体性的现有范式中，然而这样做不能真正地解决问题。原因很明显，“将……涵括在内”意味着将某些存在者排除在外，未涵括在内的动物和人类群体被视为“非主体”，不值得纳入法律和伦理的考虑范围内。法律至上主义以及排他性逻辑是当今主流思维实践方式以及法律政治体制的两大根基，我们须对其进行变革，确切说来，从根本上改变它们。

德里达使用新词“食肉-阳物逻各斯中心主义”意在表明：从历史角度来说，排他性的多重脉络在主体性形而上学

---

① 参见卡罗尔·亚当斯：《肉食的性政治：女权主义素食者的批判理论》（Carol Adams, *The Sexual Politics of Meat*: *A Feminist Vegetarian Critical Theory*, New York: Continuum, 1990）以及《非人亦非兽：女权主义与保卫动物》（*Neither Man Nor Beast*: *Feminism and the Defense of Animals*, New York: Continuum, 1994）。

② 戴维·尼贝尔：《动物权利/人类权利：压迫与解放的纠葛》（David Nibert, *Animal Rights/Human Rights*: *Entanglements of Oppression and Liberation*, Lanham, Md.: Rowman and Littlefield, 2002）。

的发展过程中发挥了巨大作用。不仅如此，他指出，在当代社会，做一个食肉动物是成为“健全主体”的精髓所在。“健全主体”须参与杀害并吃掉动物的整个仪式过程（无论是直接参与还是间接参与），换言之，这一行为是“成为一个主体”的必要前提。人们通常认为，素食者和宣传动物权利政治的人（他们力图抵制食肉实践和体制）超出了“主体的主流形式”之外。用德里达的话说，“食肉献祭（牺牲）对主体性的结构来说是必不可少的，换言之，它是意向性主体的根基所在。”①主体（通常是男性）“接受献祭（牺牲），并吃肉。”②为了证明这一观点，德里达提出了一个有关“典型主体”的问题，即国家元首：“谁有希望成为一个国家的元首？他（她）是否可以通过公开且模范般地宣称自己是一个素食主义者而成为元首呢？元首必须是一个食肉之人。”③此处的重点是：无论从道德层面上还是从法律层面上讲，主体的形成过程并非是中性的，它是由一些符号和文

---

① 德里达：《法律的力量》，第953页。

② 德里达：《良好饮食》，第114页。

③ 同上。在该书的注释中，德里达提到了希特勒的“素食主义”习惯（第119页，注释4）。在当下的美国，至少有一个例外（元首并不尽然是食肉之人）。据说，国会议员丹尼斯·库钦奇（Dennis Kucinich）是一个严格的素食主义者，2004至2008年间，他担任民主党总统候选人。此外，斯洛文尼亚总统雅奈兹·德尔诺夫舍克博士（Dr. Janez Drnovsek）也曾公开宣称自己是素食主义者。

字的约束构成的。这些约束具有潜在的暴力性和排他性，其矛头指向所有被视为“非主体”的存在者，尤其是动物。因此，德里达对主体性进行解构式批判是为了“对界线的整体装置进行重新阐释”,① 其目的不是为了扩展这些界线，而是为了反思它们、克服它们、超越它们。

素食主义在政治上有革新的潜能，它可能会对“食肉-阳物逻各斯中心主义”形成直接的挑战。从表面看来，素食主义实践是德里达在动物问题上的终极伦理政治目标。正如我们所见，德里达对那些反对素食主义的惯常话语持批判的态度，似乎与那些争取动物权利的话语实践（争取给予动物最大程度上的尊重）相一致。德里达思想的研究者戴维·伍德（David Wood）指出，我们可以将解构主义和素食主义结合起来，从而作为抵制“食肉-阳物逻各斯中心主义”之影响的手段。他如此写道：

> “食肉-阳物逻各斯中心主义”并不是存在的一种天命，对它的抵抗也并非是徒劳。它是一个相辅相成的网络体系，由权力、统治模式以及授权等多种要素组成。为了持久地存在，这一网络不得不繁殖自身。素食主义并不仅仅是用豆类来代替牛肉的问题，它能够增强人们对“这种繁殖”的抵抗能力（至少具有潜在的能

---

① 德里达：《法律的力量》，第953页。

力）。如若我们允许那些祸患与压迫（以及幽灵们、哀求声、苦难）① 发声的话（我已经将话语权让给了它们），我们可能最终会坚持认为“解构主义就是素食主义”。②

此处，伍德将素食主义与解构主义联系在一起，这就像德里达在《法律的力量》一文中将正义与解构关联在一起一样。对德里达而言，解构（“如果它存在的话”，德里达经常如此补充）就是正义，是对不可能之事的激情，是与某种他异性（即不可简化的他者）的关系。按照这种思路说来，虽然有关他者的话语（如道德、法律、政治等方面的话语）总是可以解构的，然而对他者的激情是不能解构的。对他者的激情是解构的驱动性力量，如若没有它，就不可能有解构。对伍德来说，素食主义便是这样一种解构主义的激情，它质疑那些过分简化的动物话语实践，力图尊重动物的他异性。因为这些激情是素食主义的驱动性力量，伍德看到

---

① 这里指的是伍德已在前文中探讨过的人与动物界线的僭越、生物多样性的减少、人类对动物的大规模屠宰等问题。

② 戴维·伍德：《怎么不吃——解构主义与人本主义》（“*Comment ne pas manger*—Deconstruction and Humanism”），载于《动物他者：伦理学、本体论以及动物生命》（*Animal Others*：*On Ethics*，*Ontology*，*and Animal Life*，ed. H. Peter Steeves，Albany：State University of New York Press，1999），第 33 页。

了解构主义与素食主义之间的一致性，这点无疑是正确的。然而如果我们认为素食主义如正义一样是不可解构的话，那么解构主义与素食主义的结盟就会使素食主义成为免受解构主义批判的特例。伍德本人并没有对素食主义进行太多的解构式批评，在这方面他呈现出某种“伦理素食主义”的意味。伦理素食主义者通常认为素食主义是一种终极的道德理想，即通过素食主义实践，终止人类对动物的暴力，从根本上挑战人类中心主义的现存伦理政治秩序。

不管是在个人生活方面，公共体制方面，抑或是屠宰和消费动物方面，素食主义者们都有效地减少了人们对动物的暴力行为，他们的这些努力是不容忽视的。然而，值得注意的是，在我看来，素食主义从根本上说来是可以解构的。素食主义不仅仅是对动物的激情，同时也是一系列的动物问题实践和一整套的动物话语。如果按照德里达在动物问题方面的思想逻辑，那么我们既要赞同素食主义的革新潜能，又要审视它的局限性。如上文所言，动物伦理（尤其是动物权利理论）的总体目标应是根除主体性的形而上学，然而它却反过来强化了这种形而上学，这是因为动物伦理学家将他们的理论建立在人与动物所共同的“主体性”基础上。此外，素食主义者和“亲动物”话语实践还存在其他的局限性。首先，在先进的工业国家，不管人们的素食主义有多么严格，为了维持自身生存，我们必然会直接或间接地伤及到动物生命（以及人类生命）。需要补充的是，伍德在《怎么不吃——解构主义与人本主义》一文中主要探讨的是素食主义（vegetarianism）而不是纯素食主义（veganism）。这一点令人诧异，因为纯素食主义的饮食在伦理层面上更加严格，它主张尽可能地消除人类对动物的大规模虐待——不仅在肉类工业领域，同时也在乳制品以及动物副产品工业领域。人们可能会认为素食是“毫无伤害的”，然而如若简单追溯一下食物端上饭桌的过程，我们便会摒弃这种观念。因此，在先进的工业国家这一大背景下，素食主义至多不过对主流的动物观念和动物话语实践构成了挑战而已，它并非是一种终极的伦理理想（或者说，它与这种伦理理想相差甚远）。其次，饮食还涉及其他一些伦理问题，这超越了肉类消费和动物副产品对动物所产生的影响。所有的饮食（即便是有机食品和素食）都可以对自然环境以及生产和收获粮食的人类产生极大的负面影响。因此，如果我们认为伦理素食主义构成了终极伦理目标的话，那么我们便会忽视这些“其他”的伦理问题。恰恰是这些“其他”问题，这种对“其他”的关心、对“其他”经常被忽略的暴力形式的关注，应该激发人们探讨动物问题的解构性方法。

无疑，上述对素食主义的批判性审视符合动物伦理的解构主义逻辑，然而这些并不是德里达所探讨的焦点。他关注的是“亲动物”伦理政治所固有的局限性，他将这种局限性与对动物的“干涉主义暴力”（*AIA*，394）联系在一起。在德里达看来，“干涉主义暴力”是一种象征的形式，而非其字面意义。这种针对动物的象征性暴力似乎成了当今最紧迫的哲学和形而上学问题之一。针对“象征性暴力”这一概念，德里达说道：“素食主义者也分食动物，甚至是人。他们采取了一种不同的否定方式。”①这是什么意思呢？显然，伦理素食主义旨在消除人类对肉食的消费（也必然拒绝食用人类的肉）。相应地，素食主义者们的目标是终止人类对动物以及其他存在者的暴力，然而不使用暴力的他们又是如何分食动物以及其他存在者的肉的呢？德里达经常探讨饮食、吸收以及对他者的暴力等伦理问题，而此处艰涩难懂的论述也属于其中的一部分。德里达同列维纳斯一样都假定自我向他者的非暴力敞开。对列维纳斯来说，这种敞开仅发生在言说的层面上，然而德里达则将这种敞开与他的“肯定性基础结构”（如到来、是的、誓言）联系在一起。虽说如此，德里达认为，我们不可能与他者保持一种完全的非暴力关系。他指出，如果非暴力指的是一种有关他者的思想和实践，它要求充分尊重他者的他异性，那么在我们与他者的关系中存在一种无法克服的暴力。为了思考他者、与他者交谈和相处，他者必须在某种程度上被“我”占有和侵犯（即便只是象征层面上的占有和侵犯）。人们怎样在不背叛他异性的情况下去尊重他者的独特性呢？识别、命名、关联等一切行为都是对他者的背叛和暴力。当然，这并不意味着此类

---

① 德里达：《良好饮食》，第114–115页。

暴力是不道德的，也不意味着所有形式的暴力行为都是等效的。人们通常将非暴力地对待他者的问题与良知的获得联系在一起，而上述观点旨在根除良知获得的此种可能性。由此，伦理的纯粹性这一理想在结构上是不可能的，它被先验地清除了。对德里达来说，这标志着饮食伦理发生了实质性的转变。拿素食主义来说，他们的伦理问题不应该是“我如何获得一种伦理上纯粹而又‘毫无伤害’的饮食方式”，而应该是“探索一种与动物、其他他者相处的最佳（最尊重、最令人舒适、最慷慨）方式”。①这是崭新动物伦理的基础——这种动物伦理旨在“给予动物最大化的尊重”，在结构上拒绝任何形式的自满或良知。

舍　弃

经过此前的探讨和梳理，我尝试在这部分中集中探讨德里达的核心动物思想，即探讨他对“人类中心主义”以及“存在-神学”动物话语的批判。在开始这一议题之前，我们有必要回顾一下此前的论点。在本章开篇，我便指出动物问题在德里达思想中占有重要地位，它始终是德里达（从早期文本到新近著作）探讨的核心问题。这一点是显而易见的，首先，德里达的许多“基础结构”都将人类生命和非

① 德里达：《良好饮食》，第 114 页。

人类生命涵括在内；其次，他在探讨伦理学问题时（无论是他的早期文本还是近期著述）总为动物留一席之地。尔后，我探讨了德里达具体的“伦理政治”立场，这一立场与当代动物权利解放话语（实践）有某种实质性的重合之处。德里达的这一立场以一种“原初伦理”律令为基础，这一律令源于人与动物他者的面对面相遇。一方面，它使动物伦理激进化，瓦解了动物伦理领域“良知”的一切可能形式；另一方面，它使德里达对人类中心主义的形而上学传统展开彻底批判，这一点是这部分所要讨论的主题。

到目前为止，我对德里达思想的探讨基本上都是解释性的，基本无批判性的色彩。在前面的几章中，我曾对海德格尔、列维纳斯、阿甘本等人的思想进行了批判式审视，然而在本章中我并没有这样做，原因有二。首先，在多数情况下，德里达论述动物性的著作遭到了严重的误读，因此我们须对它们进行细读，从而深入理解其思想①；其次，总体而言，我赞同德里达的探究方法和主要观点。在当代的欧陆哲学家中，德里达对动物性问题的论述最具洞察力、最值得深

---

① 我无意批判某些学者对德里达思想的严重误读。在这里，我向读者推荐凯里·伍尔夫（Cary Wolfe）的研究专著《动物仪式：美国文化、物种话语以及后人本主义》（*Animal Rites*: *American Culture*, *the discourse of Species*, *and Posthumanism*, Chicago: University of Chicago Press, 2003）。我认为，凯里对德里达动物思想的评论更为有趣，也更为中肯。

思。我们在动物问题研究领域，遭遇了很多难题。德里达对这些难题的回应极具创见，对此我十分钦佩。

然而，在这部分中，我对德里达思想的分析思路会发生很大转变。一方面，我会详细阐述德里达对形而上学人类中心主义的批判。另一方面，我会尝试揭示德里达动物思想的局限性，并在此基础上说明本书观点与德里达观点之间的不同之处。总体说来，尽管德里达对形而上学人类中心主义进行了批判，但他并没有在真正意义上对这一传统提出挑战，它仍然受制于这一传统的逻辑以及概念性。

首先，我们需清楚一点，即德里达始终致力于批判形而上学传统中的人类中心主义倾向。他关注亚里士多德①、笛卡尔、康德、列维纳斯、拉康②等思想家对动物性的论述，对他们的思想进行了详尽阐释。虽说如此，他最重视的还是海德格尔对“动物”以及“人与动物之区分”的论述。他曾经多次批判海德格尔的相关思想，却从未明确探讨过他关

---

① 雅克·德里达：《友爱的政治学》(*The Politics of Friendship*, trans. George Collins, London: Verso, 1997)，第1章和第8章。

② 德里达在《动物故我在》(*L'animal que donc je suis*, Paris: Éitions Galilée, 2006) 一书中对这些哲学家的思想进行了解读，该书论拉康思想的章节已被翻译成英文，即《动物有回应吗?》(“And Say the Animal Responded?”)，载于《动物本体论：动物问题》(*Zoontologies: The Question of the Animal*, ed. Cary Wolfe, Minneapolis: University of Minnesota Press, 2003)，第121-146页。

注海德格尔（而不是笛卡尔等哲学家）的具体原因（至少据我所知）。德里达为何在阐述动物问题时最关注海德格尔的思想？在这里，我尝试给出一个合理解释。一方面，海德格尔极大地影响了德里达的思想；另一方面，海德格尔对人本主义的批判是整个哲学传统中最出彩的批评，却并未用批判性的眼光去审视人类中心主义问题，而后者已然成为当代哲学话语中最重要的一个问题——当代哲学话语（尤其是大部分的欧陆哲学话语）都从海德格尔的思想出发，批判人类中心主义。此外，尼采、里尔克、达尔文以及二十世纪的生命哲学都致力于取代人类中心主义，然而海德格尔却反对这种观点，这表明海德格尔的思想（以及海德格尔思想的沿袭者）仍然未脱离人类中心主义的框架。德里达在其中一篇探讨海德格尔的文章中便明确指出这一点。海德格尔写道："拿猿来说，它们拥有可以抓握的器官，然而却没有手。"①这样的表述十分蹩脚，德里达认为这句话是海德格尔思想中"最值得注意、最具代表性、最教条主义"的表述。②

这是德里达一个非常重要的观点，因为它显示了海德格尔动物性思想的局限性——即便不是最重要的局限性，也是

---

① 马丁·海德格尔：《何谓思考?》（*What is Called Thinking*? trans. J. Glenn Gray, New York: Harper, 1976），第16页，翻译略作修改。

② 德里达：《家族Ⅱ：海德格尔的手》，第173页。

其中一个。对德里达而言，海德格尔的思想至关重要。他似乎将海德格尔思想中的人类中心主义倾向看作是当今思想的主要障碍。德里达对海德格尔动物思想的批判性阅读始于一系列名为“家族”（Geschlecht）的文章。在《家族Ⅱ：海德格尔的手》一文中，德里达批评海德格尔用一种过于简化的方式探讨动物问题。在《论精神》（*of Spirit*）一书中，德里达持续着对这一问题的探讨。他指出，海德格尔在1929至1930年的课程讲座《形而上学的基本概念》中否认动物拥有“世界”，而这一观点失之偏颇——我在第一章中对此进行了详尽论述。几年以后，德里达在《良好饮食》（Eating Well）一文中扩展了对海德格尔思想的批判范围，关注动物屠杀、友谊、主体性等问题，同时他也试图将海德格尔的思想与列维纳斯的思想联系起来，与其他带有人类中心主义以及人本主义色彩的动物话语联系起来。在《绝境》（*Aporias*）一书中，德里达指出，海德格尔将“死亡”（dying）看作是此在专属的特征，动物以及其他存在者只会“消亡”（perishing）。德里达认为，海德格尔用“死亡”将人与动物区分开来，这种区分仍然遵循的是一种过分简化的二元对立结构。在德里达与海德格尔的思想交锋中，德里达所采用的总体策略是质疑海德格尔文本中的二元对立因素，并强调这种二元对立无法真正地描绘“动物”生命的复杂性和多样性。

也有一些学者对德里达的这一策略提出质疑：德里达的

策略是否意味着消除对立，建构一个由人和动物共同组成的、无差别、同质化的共同体呢？德里达强调，他对“模糊差异”丝毫不感兴趣，他要做的是重新标记那些被简化、被否定、被忽略的差异。他解释道：

> 如果你在动物与人类之间划分一个或两个界线，那么你将拥有的是诸多同质化、无差别的社会、团体或结构。不，我并不主张要“模糊差异”。恰恰相反，在我看来，对立界线的划分本身就模糊了差异。它不仅模糊了人与动物之间的延异（differance）与差异（differences），还模糊了动物社会内部的差异。地球上存在无数的动物社会，在动物社会内部以及人类社会内部都有许多差异。①

上述这段引文很好地概括了他动物思想的内在逻辑。他将“瓦解形而上学的动物话语”看作是重中之重，因为这种话语将每一个个体动物都看作是“动物”中的一个例子。“动物”是一个同质的、本质主义的简化范畴，这个范畴有

---

① 雅克·德里达：《解读海德格尔：埃塞克斯研讨会概述》（“On Reading Heidegger: An Outline of Remarks to the Essex Colloquium”），载于《现象学研究》（*Research in Phenomenology*，17［1987］）第183页。

一个前提假设，即所有被称之为“动物”的存在者身上都有一些共同的特征，或它们身上都缺乏某些人类的独特特征。在前面的章节中，我分别阐释了海德格尔、列维纳斯和阿甘本的动物思想。在我看来，这些哲学家所代表的整个哲学传统几乎不关注动物生命的独特性，这一点令人震惊。德里达对这种简化的思维方式进行了批判，对此我十分认同。德里达所批判的简化主义倾向不仅在欧陆哲学和分析哲学界随处可见，它在主流话语和体制中也同样泛滥。我们须实施各种干预策略来瓦解和取代这种思维方式，而我相信德里达的研究方法会发挥重要作用。

这里的问题是：德里达建议用什么来取代这些简化的二元对立？他只是对整个哲学传统进行了批判吗？他是否提出了一种思考动物的别样方式，从而可以克服（至少是关注）主流形而上学在思考动物问题时的种种局限性？简言之，我想追问的是（套用尼采的话来说）：他是否树立了新的偶像？还是仅仅将旧的偶像摧毁而已？

在德里达的相关文本中（不论是已发表的还是未发表的），我们可以清楚地看到一点，即他尝试另辟蹊径，建构一种动物思想的雏形。有关于此，我们可以参照《动物故我在》一文。文中，他对“界线滋养”（limitrophy）一词进行了分析，探讨了“位于界线交叉点的东西”，探讨了“那既与界线相毗邻，同时又被养育、被照料、被驯养的东西”（*AIA*, 397）。为了用一种别样的方式来思考动物生命，我们应首先关注“界线滋养”的问题。在人与动物之间的边界问题上，我们应如何创造、滋养、维持这一边界？围绕（沿着）这一边界运作的是何种语言和制度的力量呢？德里达对形而上学动物话语的探讨旨在揭示这些运作机制，并突出这一思想领域中带有霸权色彩的主流观念。然而值得注意的是，德里达认为人与动物之区别的“界线滋养”话语有其历史脉络，他关注这一历史，然而并未深入挖掘这一议题。从哲学层面上来说，伊丽莎白·德·冯德奈（Elisabeth de Fontenay）的方法更接近这种哲学分析，她大部头著作《论野兽的沉默》致力于追溯西方形而上学的人类中心主义根基。① 然而即便是她的著作也没有对这一重要的历史维度进行深入探讨，这是因为人与动物之边界的运作和维持有错综复杂的历史和现状，人们须采取跨学科的批评方法来对其进行探讨。动物研究这一新兴领域可以将对“人与动物之区别”的法则进行历史分析和系谱学探讨作为核心目标，并在此基础上指出这一区分是如何在诸多体制、实践和话语中运作的。这一思想方案不仅可以进一步瓦解人与动物之间的区

---

① 伊丽莎白·德·冯德奈：《论野兽的沉默：抗拒动物性的哲学》（*Le silence des bête*: *La philosophie a l'epreuve de l'animalite*, Paris: Fayard, 1998）。也可参见冯德奈的论文《像土豆一样：动物的沉默》（“Like Potatoes: The Silence of Animals”），载于《法国女性哲学家：当代读本》（*French Women Philosophers*: *A Contemporary Reader*, ed. Christina Howells, London: Routledge, 2004），第 156–168 页。

分，还可以帮助我们建构一种思考人类与动物（这里的人类和动物指的是那些被主流话语忽视、掩盖和扭曲的存在者们）的崭新方式。尽管德里达无法实现这一哲学方案（目标），然而显然他将其视为思考动物生命的一种崭新途径。此外，这一哲学方案还表明了两点：首先，在研究策略上，德里达推崇系谱学的哲学思维方式；其次，他受尼采和福柯的影响很大。

由此可见，若要另辟蹊径思考动物问题，我们须关注其系谱学维度。除此之外，我们还须建构一种从根本上对人与动物之间的区分进行质疑的别样动物本体论。许多后现代以及后结构主义话语都对本体论问题避而不谈，我认为德里达并不在此列。（尤其）在反思动物问题时，他进行了建构这种别样本体论的实践，尝试规定一种崭新的“动物生命”概念。他的这些思想与形而上学传统对动物性的简化表述大相径庭，反倒与当代动物哲学家德勒兹（Deleuze）、唐娜·哈拉维（Donna Haraway）的思想十分接近。对德里达来说，形而上学传统一直试图简化、甚至抹杀动物生命形式之间的多样性差异。所有致力于挑战这一传统的本体论都要尽可能地捍卫“反简化”“反人类中心主义”的立场。德里达指出，对身处另一极的人类而言，我们没有发现一个具有共同“动物性”的群体，动物是异质的存在者，它们之间的关系也是多种多样的：

> 在人类生命的另外一极，不是“动物”或“动物生命”，而是异质的、多样化的生命。用“生命”的措辞是不恰当的，它要么太过，要么不够充分。确切说来，这另外一极是生命与死亡之间的多样组织关系，这种组织关系（或缺乏组织）越来越难以割裂开来，并通过有机体与无机体、生命或死亡的形式展现出来。这些关系既是封闭的，又是深不可测的，它们永远都无法被完全客体化。
>
> （*AIA*，399）

这段话有助于我们理解德里达的本体论思想（德里达探讨动物、生命、生死等问题的所有著作都以这一本体论为基础）。不仅如此，它还有助于我们理解德里达在二十世纪六七十年代所阐述的各种“基础结构”。这段引文阐述的是一种关系性的和机械性的独特本体论思想。显然，它既汲取了尼采和德勒兹的唯物论观念，也吸收了海德格尔和列维纳斯的现象学思想。这也许是德里达动物思想中最具激进色彩的观点，这种思维方式摧毁了人与动物之二元区分的根基，与本书的论点最为接近。若“动物生命”是“异质多样”的实体，是有机生命和无机生命之间的“多样组织关系”，那么在人与动物之间绘制一种不可逾越的界线又有什么意义呢？难道“人类”不同样是异质多样的存在者吗？难道他们不同样具备“关系的多样性”吗？有人认为“人类”在某种程度上不处于诸多差异力量的运作过程中，也不处于“生成”及“关系”的游戏之中，我们要相信这一观点吗？难道“人类”不也总是沿着一系列的差异（这些差异不仅包括将人类与动物、动物与植物区分开来的诸多差异，同时也包括将生命与死亡区分开来的诸多差异）不断地游移吗？我们可以清楚地看到，德里达的本体论拒绝一切将人类与动物明确区分开来的尝试，这是因为存在者的多样性是不可简化的，且人类与动物之间的生成和关系结构也是多元的。

需要进一步追问的是，德里达的本体论思考是否完全放弃了在人与动物之间进行区分呢？我们在前面的章节中阐述过阿甘本在这一问题上的立场。在阿甘本看来，人与动物之间的区分在“人类学机器”的运作过程中发挥着巨大作用，因此他主张废弃这种区分。我们可以从非人类中心主义的角度来解读（甚至应用）阿甘本的思想，然而，阿甘本的思想归根到底是政治性的，且带有人类中心主义的倾向。德里达的思想或许可以在某种程度上纠正阿甘本思想中的人类中心主义倾向，或许可以在伦理-本体论层面对其政治思想予以补充。从伦理层面上讲，德里达描述了两个独特存在者之间的面对面相遇，这一相遇具有破坏性和颠覆性。通过这一描述，德里达力图让读者理解人与动物之间的一种“原初伦理”关系。这一“原初伦理”关系本身具有独特性，同样，处在这种伦理关系中的存在者们也有其独特性，因此，任何将人类或者动物同质化的做法都会背离这种独特性。在政治性和战略性层面上讲，这一背离是否必要呢？这是我在解读列维纳斯的思想时所探讨的一个问题。对德里达来说，人与动物之间的这一伦理性相遇可能会瓦解我们通常的伦理概念，可能会摧毁伦理思想中所有的人与动物之区分。从本体论层面上说，德里达主张建构一种“关系性的和机械性的”本体论，这种本体论关注动物（和人类）生命形式的多样性，关注各种动物（和人类）生命形式内部（以及之间）的关系结构。在我看来，我们可以从德里达的分析中得出一个结论，即严格说来，在人类与动物之间做任何区分都是荒谬的。一种简单的（或高度简化的）二元区分方法怎能应对伦理和本体论方面的复杂难题呢？当然，我的意思并不是说，我们的某种语言或者某些概念可以准确地把握德里达的本体论思想和伦理构想（我并不认为“把握”和揭示现实是此处的最终任务）。如乔治·巴塔耶（Georges Bataille）所说，这个世界总是比语言丰富得多，①因此，语言并不能够充分地描绘这个世界。语言有这样的欠缺，也有那样的欠缺。人与动物之间的区分是如此拙劣，如此缺乏严密性，我们不禁要问，哲学家们一向都以概念的严谨性为荣，他们在阐述自身的思想时怎么可能会使用这些拙劣的区分呢？德里达的思想既富有哲学性，又带有伦理性和本体论色彩，让我

---

① 乔治·巴塔耶：《被诅咒的共享》（卷三：至尊性）（*The Accursed Share*, trans. Robert Hurley, New York: Zone Books, 1991）。

们得出如下结论：我们应该废弃人与动物之间的区分，即使不废弃它，也至少应该对其保持谨慎的态度，要敢于质疑它。

德里达曾与约翰·赛尔（John Searle）有过一次论争，在这次的论争中，德里达也谈及“区分的严谨性”问题。德里达认为，要想使诸区分运作起来，就必须严谨。赛尔认为这是一个过于苛刻的要求，他对德里达的观点提出批评。针对赛尔的指责，德里达强调，任何哲学家都会认为这一要求是合理恰当的。如果哲学家所使用的“区分”不够严谨的话，那么这些区分该怎么运作呢？

> 赛尔的指责让我震惊……我认为，“人们在制造区分的时候必须足够严谨、足够准确，否则的话就算不上是一种真正的区分”。为何我的这一观点在赛尔看来竟“是最令人瞠目结舌、最难以置信”的呢？我须承认，赛尔的批评让我感到费解……在概念（我们说的是概念，而不是云的色彩或某种口香糖的味道）的法则下，如果一种区分不够严谨或准确的话，那么它就算不上是区分。这已然是一个自明的公理，自有哲学家以来，有哪个哲学家曾背弃过这一公理呢？自有逻辑学家以来，有哪个逻辑学家曾背离过这一公理呢？自有理论家以

来，有哪个理论家曾拒绝过这一公理呢？①

哲学家们在人类与动物之间划定界线，主流体制话语不假思索地采纳了这种传统的区分方法。德里达通过对动物问题的探讨严谨地论证了如下观点，即从本体论和伦理层面上来讲，哲学家在人类与动物之间所做的区分并不严谨。如果是这样的话，我们就须另辟蹊径，建构别样的本体论概念和伦理概念，② 从而开启思想和实践的崭新可能性。德里达遵循这一思路在《动物故我在》（他在“自传性的动物”研讨会上宣读的这篇文章，此文乃是对尼采的自传性文本《瞧，这个人》的戏仿）的结尾提出“animot”（animal+mot）的概念。德里达劝说人们不要去瞧“这个人”，而是去注视“the animot”，去“瞧，这个 animot”。德里达为何使用这一特定的新词“animot”呢？首先，“animot”的发音听起来像“animaux”（法语，动物的复数形式），德里达希望我们在“animot”一词中听到的是具有多重（复数）独特性的动物，而不是概括性的动物。整个西方哲学传统一向不允许人们关注和思考动物生命的多样形式以及多元关系。其次，

① 德里达：《有限公司》后记，第 123 页。

② 我是在德勒兹的意义上使用“概念”一词。值得注意的是，德里达在多处地方都显示出自己对“概念”这一概念的忧虑不安，他反对这类语言。

“animot”中的“mot”一词是“词语”的意思，它表示词语本身，也即语言以及通达存在者之存在的能力。西方哲学传统剥夺了动物使用语言和通达存在者之存在的能力。德里达无意劝说读者认同动物拥有言说的能力，因为“某些动物物种是否拥有人类语言”是一个实证问题，德里达不会对其进行详尽论证。他力图表明如下观点，即动物“缺乏”人类的语言，然而这种“缺乏”并不是真的“缺乏”和丧失。海德格尔、列维纳斯等在探讨动物问题时通常从否定（或缺乏）的角度来思考差异。德里达认为，这一主流的思维方式是一种人类中心主义的教条式偏见，我们应克服这种偏见。

如上文所言，德里达从“原初伦理”的角度动摇了人与动物之间的界线，从本体论角度对人与动物之间的简单区分提出了质疑。与此同时，他还提出了一种别样的概念，即作为“animot”的动物性。值得注意的是，德里达并不主张彻底摒弃人与动物之间的区分，其原因非常复杂，我会在下文中尝试探讨这一问题。在我看来，德里达对人与动物之区分的捍卫是他所有思想中最具教条主义（同时也最令人费解）的。此处，我会仔细斟酌和审慎分析我的观点，因为不论德里达的著作有怎样的局限性，它们都极少带有教条主义色彩。然而，在此问题上，我认为自己对德里达的批评是恰当的。此处，我首先援引德里达文本中的三段话，来说明德里达是如何捍卫人与动物之间的界线的。第一段源于《动物故我在》一文，德里达在探讨“第二个假设”时如此说道：

“哲学或常识”都认为在人类与动物之间存在一个界线，我不会对此观点提出质疑。同样，我也不会反驳如下观点：在自称“我们人类”（或“我”“一个人”等）的存在者和被称之为“动物”（或“动物们”）的存在者之间存在一条裂隙、一个深渊。我不会质疑“哲学或常识”的观点，也不会反驳在“我-我们”与“动物”之间存有裂隙这一主张。假定我或者其他人因此而忽视了这一裂隙（实际上是深渊），那么这首先意味着我们对各种确实存在的证据熟视无睹。就我个人的情况而言，我关注差异，强调异质性和深渊般的鸿沟，对此我不遗余力，而这都是为了反对同质性和延续性。如果我忽视人与动物之间的裂隙，这也就意味着我将我的全部努力抛诸脑后。因此，我并不认为在自称为人类的存在者和被称之为动物的存在者之间存在某种同质的延续性。

（*AIA*，398）

第二段话摘选自德里达与伊丽莎白·卢迪内斯库的谈话录《明天会怎样》。卢迪内斯库非常关注人与动物之间的界线问题，她认为这一界线是存在的，反对那些致力于动摇或抹去这一界线的动物权利思想家。德里达回应道：

> 在界定动物文化的主要方式中，人与动物之间的界线不止一种，而是有多种。我不是要废除这些界线，恰恰相反，我是要恢复这些界线，强调差异和异质性。……和你（即卢迪内斯库）一样，我也认为在人类与动物之间存在根本的断裂。
>
> （*VA*，72–73）

在《明天会怎样》中，德里达进一步补充道：

> 有些人认为，在人类与动物之间（两个同质的物种）存在一个界线。如果说我不同意这一观点，那也不是因为我会愚蠢地认为在人与动物之间没有界线。相反，我认为人类与动物之间不止有一个界线，应该有多种界线……总之，"高等灵长类动物"与人类之间的鸿沟是深不可测的。同样，"高等灵长类动物"与其他动物之间的鸿沟也是无法逾越的。
>
> （*VA*，66）

这三段引文充分表明了德里达的立场。在他看来，人与动物之间存在明确的界线，确切说来，人与动物之间存在许多界线，且这些界线是无法克服的。德里达甚至认为，人类与动物之间有一道缝隙、一个深渊，两者之间有一种根本的不连续性。熟悉德里达"家族"系列文章（尤其是《家族

Ⅱ：海德格尔的手》）的读者读到这三段引文时肯定会大为疑惑。在《海德格尔的手》中，德里达对海德格尔的动物思想进行了批判。他指出，海德格尔强调人与动物之间深不可测的鸿沟，却未能进行科学和实证方面的探讨。

然而德里达不也在做同样的事情吗？同海德格尔一样，他也认为人与动物之间存在一道裂隙（或深渊），他是否提供了足够的证据来支撑这一论点呢？我们可以肯定的是，德里达显示出“许多自相矛盾的迹象”，然而却没有在这篇文章（或者其他著作）中系统地阐述这种矛盾。这是为什么呢？如果人们将这种自相矛盾的迹象系统地展示出来，并对其进行批判性分析，会发生什么情况呢？我在本书中反复强调，从实证、伦理和本体论角度来说，在人与动物之间划分界线（或诸多界线）是十分拙劣的做法；从政治角度来说，这种界线的划分是极有危害的。难道我们没有批判地审视这一观点吗？实际上，当我在论证这一观点时，我还借鉴了德里达的很多思想。若对这些自相矛盾的迹象进行审慎分析，那么会使我们无法在人与动物之间划定一个严格的界线。

若按照德里达的观点，这些界线应该在哪里？他对人类所有的传统“专有特征”严格来讲都专属于人类的观点表示怀疑，但也没有因此认为“我们必须否认人类的‘专有特征’”（*VA*，66）。如果人类的传统“专有特征”（如语言、意识、社会、使用工具等）都不够严谨的话，那么我们应如何规定人类的“专有特征”呢？德里达是否有更令人信服的划分人与动物之间的界线的方案呢？

就现有的德里达文本来看，我们并未发现重绘人与动物之界线的迹象。因此，我们无法精确地预知如果德里达沿着这些思路思考的话会怎样。我猜想，如果德里达想在人与动物之界线问题上提出一种新思想（一种更为详尽、更为独特、更为精确的思想）的话，那么他可能会重点探讨人类承担自身根本有限性的方式（不论采取的是否定方式还是肯定方式）。换言之，德里达可能会在“反应性”和“责任”的特有范式中（也就是说，在敞露的肯定性经验或否定性经验中）来探讨人与动物之间的差异。在德里达看来，反应性和责任似乎是人类的专有特征。

我们知道，德里达在探讨人与动物之间的界线时十分依赖“深渊”“裂隙”等这样的修辞，我们是否可以提出一个合理的理由来为其辩护呢？这一问题从根本说来并不是重点所在。更有趣的问题是，现有的多数（关于人类和动物的）实证知识都强烈质疑这类语言（“深渊”“裂隙”），可德里达为何会使用这类语言呢？我在本书第一章中指出，海德格尔认为，人类此在与动物生命之间存在一道深渊或裂隙，他的“深渊”论旨在批判当时的达尔文主义以及进化论思想。德里达也是如此吗？他是否也认为生物连续主义（biological continuism）是错误的呢？据我的判断，德里达会对这种生物的连续主义观点持批判态度，因为这种观点从生物学的单一角度来看待人类和动物，将所有的相关话语都简化为生物学话语。然而他对生物主义的批评达至何种程度？这是否意味着在阐释人类与动物的关系和差异时他要摒弃自然主义的理论框架？如果不用如此的话（我要明确一点，海德格尔和列维纳斯是反自然主义者，然而德里达却不是），那么我们该如何理解他文本中的这些修辞（在人类与动物之间、动物与动物之间存在一道深渊、一条裂隙）？德里达使用这种语言意欲何为？

如果德里达的探讨针对的是海德格尔所追求的那种“生产性逻辑”（productive logic），那么他对连续主义的质疑会在某种程度上合乎情理。或许德里达的最终目的是从一种更精细、更准确的伦理和本体论角度来对科学进行重新定位。然而，德里达对这一方面的探讨十分模糊，因此我们无法明确知晓他的意图。但不管这种意图是什么，我都反对他对人与动物之界线的捍卫和重绘。

在我看来，当代思想必须拒绝有关人与动物之界线的惯常思维。唐娜·哈拉维在《赛博格宣言》一文中为我们提供了一个崭新的视角，我们应该从该视角出发来探讨这一问题：

> 到了二十世纪晚期……人与动物之间的界线被彻底打破了。独特性的最后一片阵地也已经沦陷（如果不是变成游乐场的话）。语言、工具的使用、社会行为、精神活动等都不能使人与动物的区分令人信服。许多人都

认为这种区分已经不必要了。①

这段话概述了哈拉维的核心观点，这一观点受人文科学和实证科学的双重影响，同时又致力于探讨自然主义以及伦理政治层面的革新论。“许多人都认为这种区分已经不必要了”，在德里达看来，这一观点必然会导致一种简化的、生物学的连续主义倾向，会将动物和人类彻底同质化。我认为，德里达对这个问题的思考陷入了一种错误的两难之境。我们似乎只有两个选择：其一，认同传统哲学话语，认为人与动物之间存在一个单一的界线；其二，将人与动物之间的界线完全抹去，这有可能会导致人类生命与动物生命同质化(生物连续主义持这种观点)。德里达的动物思想看似为这一非此即彼的两难困境提供了一个出路，他的解决方案是对人与动物之间的界线进行改造和修订，使之复杂化，从而可以维持人与动物之间的诸多差异。然而，除了哲学二元论、生物连续主义以及德里达的解构主义方法以外，我们还有别的选择。哈拉维在上述引文中暗示道：“许多人都认为这种

---

① 唐娜·哈拉维：《赛博格宣言：20世纪晚期的科学、技术以及社会主义-女性主义》（“A Cyborg Manifesto：Science，Technology，and Socialist-Feminism in the Late Twentieth Century”），载于《类人猿、赛博格与女人：自然的重塑》(*Simians*，*Cyborgs*，*and Women*：*The Reinvention of Nature*，New York：Routledge，1991)，第151-152页。

区分已经不必要了。”简言之，我们可以舍弃人与动物之间的界线，最起码不去维持这一界线。德里达认为思想的任务是关注那些被忽视、被哲学话语所隐藏的差异，我们赞同这一观点。然而，这并不意味着主导着常识和哲学的每一种差异和界线都应被捍卫和完善。当今哲学思想所面临的挑战也许是在取消人与动物之界线的情况下来思考问题，也许是从崭新的视角出发来建构新的概念、发明新的实践方式。难道不是这样吗？

译名对照表

A

Abyss	深渊
Adams, Carol	卡罗尔·亚当斯
Agamben, Giorgio	乔吉奥·阿甘本
Alterity of animals	动物的他异性
Alterity of Other	他者的他异性
Altruism	利他主义
Anglo-American philosophy	英美哲学
Animality	动物性
Animal Liberation (Singer)	《动物解放》(辛格)
Animal protection movement	动物保护运动
Animal rationale	理性的动物
Animal rights philosophy	动物权利哲学
Animal rights politics	动物权利政治
Animal studies	动物研究
Anthropocentrism	人类中心主义
Anthropological machine	人类学机器

Coming community　未来的共同体

Communal cooperation　共同合作

Compassion towards animals　对动物的同情

Concentration camps　集中营

Continental philosophy　欧陆哲学

"Cyborg Manifesto. A" (Haraway)　《赛博格宣言》(哈拉维)

D

Darwin, Charles　查尔斯·达尔文

Darwinism　达尔文主义

Dasein　此在

Dasein-centric　此在中心主义

Dawkins, Richard　理查德·道金斯

Death　死亡

Deconstructionism　解构主义

Deleuze, Gilles　吉尔·德勒兹

Derrida, Jacques　雅克·德里达

Dialectic at a standstill　定格辩证法

Différance　延异

Dignity　尊严

Disclosure　去蔽

Domestic animals　家畜/家养动物

Duino, Elegies (Rilke)　《杜伊诺哀歌》(里尔克)

E

Egoism 利己主义
Ek-sistence 绽出
End of metaphysics 形而上学的完结
Environmental issues 环境问题
Ereignis 本有
Essentia 可能性
Essentialism 本质主义
Ethical vegetarianism 伦理素食主义
Ethologists 动物行为学家
Event of Being 存在事件
Evolutionary theory 进化论
Existentia 现实性

F

Face of animal Other 动物他者的面孔
Face of Other 他者的面孔
Feminine 女性的
Finitude 有限
Fontenay, Elisabeth de 伊丽莎白·德·冯德奈
Francione, Gary 加里·弗兰西恩
Fundamental Concepts of Metaphysics 《形而上学的基本概念》

G

Gaze, of animal	动物的注视
Genes	基因
Genocides, animal	动物的种族灭绝
Guattari, Félix	菲利克斯·加塔利

H

Haraway, Donna	唐娜·哈拉维
Hebrew Bible	希伯来圣经
Heidegger, Martin	马丁·海德格尔
Homo humanus	人性的人
Human-animal distinction	人类与动物之间的区分
Humanism	人本主义
Humanitas	人性
Hyperhumanism	超人本主义
Homo Sacer series	《牲人》系列

I

Identity politics	身份政治
Incrementalist approach	渐进主义方法
Infancy	幼年
Inherent value	内在价值

M

Madness　疯癫/疯狂

Marginalized humans　被边缘化的人

Mechanized food industry　机械化的食品工业

Metaphysical anthropocentrism　形而上学人类中心主义

Metaphysical humanism　形而上学人本主义

Metaphysics of presence　在场的形而上学

Metaphysics of subjectivity　主体性的形而上学

Missing link　缺失的一环

Modernity, subject of　现代性主体

Moral considerability　道德可考量性

"Moral Considerability and Universal Consideration"　《道德可考量性以及普遍的关怀》

Moral philosophy　道德哲学

Moral standing of animals　动物的道德地位

N

Nakedness, human cognizance of　人类的赤裸意识

Nancy, Jean-Luc　让-吕克·南希

Narcissism, human　人类的自恋

Natural selection　自然选择

Nazis　纳粹

Neohumanism 新人本主义

Nietzsche, Friedrich 弗里德里希·尼采

Nihilism 虚无主义

Nonanthropocentricthought 非人类中心主义思想

O

Oedipal animal 俄狄浦斯的动物

Ontotheological humanism 本体论-神学的人本主义

Open 敞开

Other 他者

P

Pack animal 集群的动物

Plato 柏拉图

Political and legal institutions 政治和法律体制

Politics of animal rights 动物权利政治

Politics 政治学

Postphenomenological discourse 后现象学话语

Presence 在场

Presubjective thought 前主体思想

Privative interpretation of animal life 动物生命的褫夺性阐释

Pro-animal discourse “亲动物”话语

Propriety 正当性

Q

R

S

Shame	羞耻
Singer, Peter	彼得·辛格
Social instincts	社会本能
State animal	国家的动物
Strategic essentialism	策略性的本质主义
Struggle for existence	生存斗争
Subjectivity	主体性
Subjects-of-a-life	生命主体
Suffering	受难

T

Things, quasi-ethical presence	准-伦理性在场的事物
Thinking, at limits of philosophy	正在思考哲学的局限性
Thorpe, William	威廉·索普
Thought, as thought of the event	“事件”的思想
Totalitarianism	极权主义
Transcendence	超越
Transposition of Dasein	此在的换置
Truth	真理
The Face	《面孔》
The Open: Man and Animal	《敞开：人与动物》
The Descent of Man	《人类的由来》
“The Paradox of Morality”	《道德的悖论》

U

Uexküll, Jakob von	雅各布·冯·于克斯屈尔
Unconcealment	无蔽
Universal ethical consideration	普遍的伦理关怀
Universalism	普遍主义
Unsavable life	不可救赎的生命
Utilitarianism	功利主义

V

Veganism	纯素食主义/严格的素食主义
Vegetarianism	素食主义
Violence toward animals	对动物的暴力/虐待动物
Voice	声音

W

Waal, Frans de	弗兰斯·德·瓦尔
Welfarist approach	福利主义
Wills, David	戴维·威尔斯
Will to power	权力意志
Wood, David	戴维·伍德
World	世界

Z

Žižek, Slavoj	斯拉沃热·齐泽克
Zoē	自然生命
Zōon logon echon	人是拥有语言的动物